Simetría Mecánica

por

Joaquín Obregón Cobo

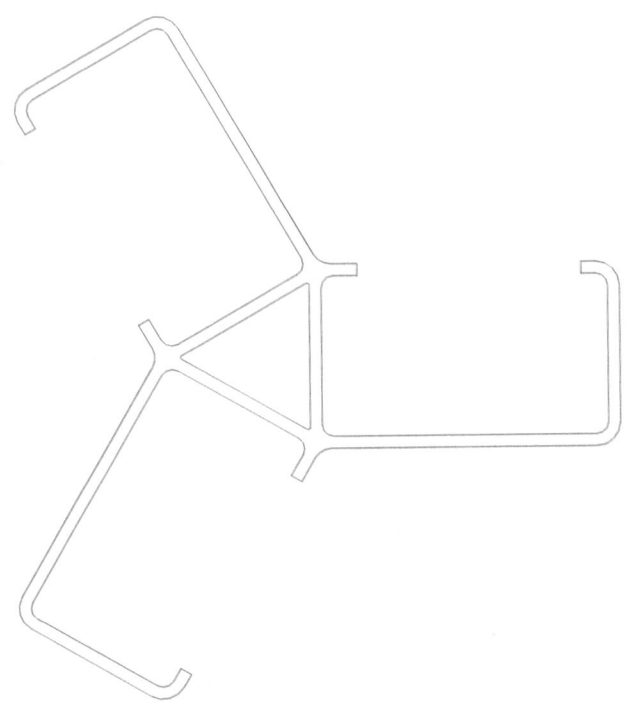

AuthorHouse™
1663 Liberty Drive
Bloomington, IN 47403
www.authorhouse.com
Phone: 1-800-839-8640

© 2012 by Joaquin Obregon Cobo. All rights reserved. Todos los derechos reservados.

No part of this book may be reproduced, stored in a retrieval system, or transmitted by any means without the written permission of the author.
Ninguna parte de este libro puede ser reproducida, almacenada ni transmitida por ningún sistema sin permiso escrito por parte del autor.

Published by AuthorHouse 11/06/2012

Número Internacional Normalizado del Libro

ISBN: 978-1-4772-3116-6 (sc)
ISBN: 978-1-4772-3117-3 (hc)
ISBN: 978-1-4772-3163-0 (e)

Código de la Biblioteca del Congreso de los Estados Unidos de América: 2012917656

This book is printed on acid-free paper. Impreso en papel libre de ácido.

Because of the dynamic nature of the Internet, any web addresses or links contained in this book may have changed since publication and may no longer be valid. The views expressed in this work are solely those of the author and do not necessarily reflect the views of the publisher, and the publisher hereby disclaims any responsibility for them.
Por la naturaleza dinámica de Internet los vínculos y referencias contenidas en este libro pueden cambiar y perder validez. El contenido de este libro es responsabilidad del autor y no refleja necesariamente los puntos de vista del editor, por lo que declina cualquier responsabilidad al respecto.

En Internet:
http://www.simmec.org   y   http://www.simetriamecanica.es

English version: ISBN 978-1-4772-3372-6 (sc)   ISBN 978-1-4772-4573-6 (hc)

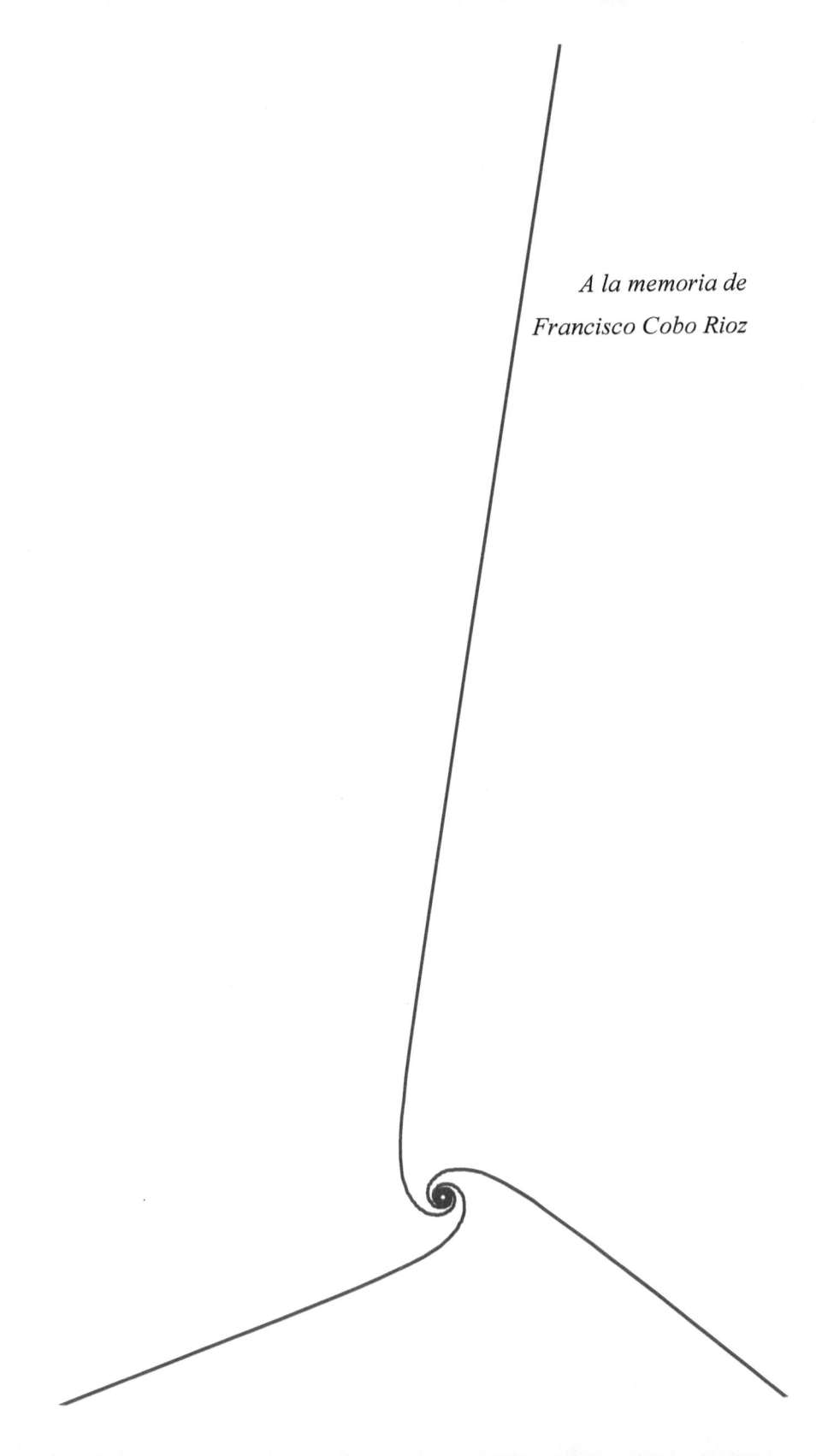

A la memoria de
Francisco Cobo Rioz

Índice de Contenidos

1. Introducción — 3
   - 1.1 Momentos — 3
   - 1.2 Momento de Inercia (MI) — 4
   - 1.4 Simetría — 5
2. Preguntas y respuestas conocidas — 17
   - 2.1 ¿Qué ocurre si rotamos una sección? — 17
   - 2.2 ¿Puedo calcular el MI girado con alguna fórmula? — 17
   - 2.3 ¿Podemos simplificar el cálculo del MI al girar una sección? — 18
   - 2.4 Desarrollo del teorema de Steiner — 18
   - 2.5 Desarrollo de las ecuaciones de giro del MI — 21
   - 2.6 Superposición — 23
   - 2.E Ejercicio - Cálculo del MI con traslación y giro — 25
3. Nuevas Respuestas – Simetría Mecánica — 35
   - 3.1 Test Previo — 35
   - 3.2 Primera aproximación — 37
   - 3.3 Generalización — 45
   - 3.E Ejercicios sobre Simetría Mecánica — 47
   - 3.4 Definición y Teorema — 51
   - 3.5 Corolario — 51
   - 3.6 Condición necesaria y suficiente — 51
   - 3.7 Teorema — 58
   - 3.8 ¿Porqué hacerlo? — 61
4. Sin Respuestas — 65
   - 4.1 Incoherencia — 65
   - 4.2 Sumas Incoherentes — 66
5. Aplicación — 71
   - 5.1 Polígonos Regulares — 71

5.2 Círculos y computadores	76
6. Recopilación de fórmulas	91
6.1 Secciones con Simetría Mecánica	91
6.2 Polígonos Regulares	95
6.3 Tubos Poligonales Regulares	113
6.4 Estrellas Poligonales Regulares	127
Apéndice 1 Programas de ordenador del capítulo 2	137
Ap. 1.1 Mostrando cómo cambia el MI al rotar y trasladar.	139
Apéndice 2 Programas de ordenador del capítulo 3	153
Ap. 2.2 Cálculo de la suma del seno^2	155
Ap. 2.2 Dibujo de la suma del seno^2	161
Ap. 2.3 Comparación entre MI	169
Ap. 2.4 Comparación entre valores de MI - Tabla	173
Ap. 2.5 Comparación gráfica interactiva entre MI	179
Apéndice 3 Programas de ordenador del capítulo 5	195
Ap. 3.1 Cálculo gráfico interactivo del MI de polígonos regulares	197
Ap. 3.2 Cálculo gráfico interactivo del MI de tubos poligonales regulares	211
Ap. 3.3 Cálculo gráfico interactivo del MI de estrellas basadas en polígonos regulares	215
Apéndice 4 Cálculo de MI de un Polígono	219
Ap. 4.1 Suma del MI de trapecios	221
Ap. 4.2 Teorema de Green	222
Índice de Figuras	229
Índice de Ecuaciones	231
Índice de Tablas	233
Glosario	235
Bibliografía	237
Agradecimientos	239

Introducción

Simetría Mecánica

1. Introducción

El Momento de Inercia (MI), también conocido como segundo momento de área no es el concepto más actual en cuanto a innovación, han pasado muchos años desde que se sentaron las bases de todo lo que concierne al MI. Sin embargo el MI se usa cada día con profusión en todo el planeta y nos parece interesante por la repercusión que tiene su uso.

¿Y hay algo interesante que contar sobre el MI? Sí, y ustedes lo van a ver en este libro. Veremos que el MI puede ser constante bajo determinadas circunstancias, lo que repercute en potenciales simplificaciones. También veremos algunas nuevas fórmulas que posiblemente permitan expresar algebraicamente problemas que hasta ahora solamente se podían abordar mediante tablas o ábacos.

A continuación una breve introducción a los conceptos necesarios para los desarrollos posteriores.

1.1 Momentos

Un momento es una magnitud relacionada con un eje y con una propiedad dada. También se pueden definir momentos respecto a un punto, pero no lo haremos en este libro.

El momento respecto de un eje se define como el producto del valor de una propiedad en un punto por la distancia del punto al eje. Este es el primer momento o simplemente momento. Segundo Momento es el producto del valor de la propiedad por el cuadrado de la distancia al eje. También llamado momento de 2° orden. El Momento de n-ésimo orden es el producto del valor de la propiedad por la n-ésima potencia de la distancia al eje.

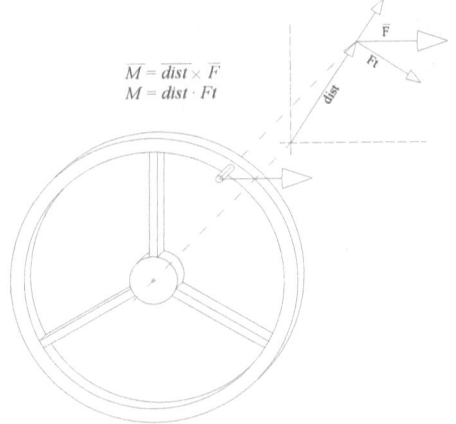

Fig. 1 Par Mecánico

El par mecánico es un buen ejemplo para entender qué es un momento. La propiedad física es la fuerza y la distancia es la que hay desde la fuerza al eje.

$$\vec{M} = \overrightarrow{dist} \times \vec{F} \quad \Rightarrow \quad M = dist \cdot Ft$$

Ecuación 1 Par Mecánico

1.2 Momento de Inercia (MI)

El momento de inercia de una sección (normalmente sección resistente) es el segundo momento del área, es decir, el producto del área en cada punto de la sección por el cuadrado de la distancia de éstos a un eje dado. Lo llamaremos MI para abreviar y lo escribiremos *I* en las fórmulas.

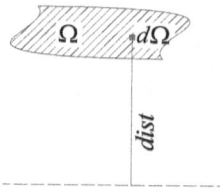

Fig. 2 Momento de Inercia de cuerpo continuo

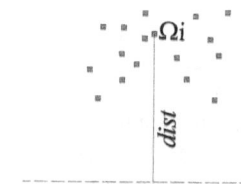

Fig. 3 Momento de Inercia de sistema de partículas

Ω es el área total y $d\Omega$ es un diferencial de área.

$$I = \int_\Omega dist^2 \cdot d\Omega$$

Ecuación 2 Momento de Inercia de cuerpo continuo

Ω_i es el área de cada partícula.

$$I = \sum_{i=1}^{n} dist^2 \cdot \Omega_i$$

Ecuación 3 Momento de Inercia de sistema de partículas

1.3 Teorema de Steiner

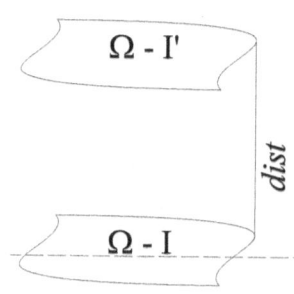

Fig. 4 Teorema de Steiner

Conocido el MI respecto de un eje que pasa por el centro de gravedad de una sección, si queremos conocer el MI respecto de un eje paralelo al que pasa por el centro de gravedad, el teorema de Steiner nos será de gran ayuda.

De acuerdo al teorema de Steiner el valor del nuevo MI es igual a la suma del MI previo mas el producto del área por el cuadrado de la distancia entre el eje anterior y el nuevo eje.

$$I' = I + \Omega \cdot dist^2$$

Ecuación 4 Teorema de Steiner

1.4 Simetría

¿Qué significa simetría? En griego antiguo algo similar a "igual medida". Para nosotros tiene dos significados diferentes:
- Cuando tratamos propiedades físicas (tal como el MI) simetría significa que tenemos un valor constante para la propiedad en cuestión, tras un movimiento o transformación.
- Cuando hablamos de geometría el significado es: conserva su forma exactamente igual tras un movimiento o transformación.

Vamos a desarrollar nuestros argumentos en 2 dimensiones. En este ámbito las simetrías geométricas relevantes son:

Fig. 5 Simetría Axial

Fig. 6 Simetría Central

Fig. 7 Simetría Rotacional

La simetría mas ampliamente conocida, la mas sencilla de entender, la que podríamos decir es la mas reconocible es la simetría **axial**. Esta simetría se caracteriza porque cada punto tiene su simétrico al extremo opuesto de un segmento perpendicular a la línea que define la simetría, o eje de simetría.

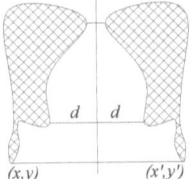 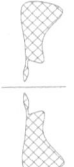 

Fig. 8 Figuras con Simetría Axial

Desde el punto de vista matemático, podemos expresar esta simetría como:

$$x' = -x$$
$$y' = y$$

Obviamente esto es para el caso en el que el eje de simetría coincide con el eje de ordenadas y=0. Si el eje es otra línea, siempre se pueden realizar un giro y una traslación que conviertan al eje de simetría en el eje vertical y=0.

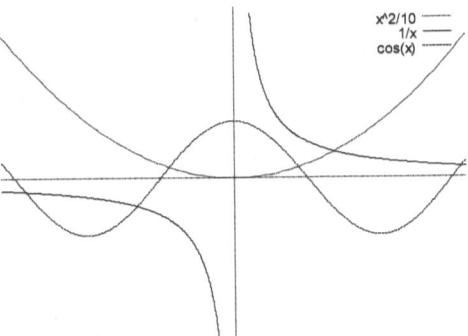

Fig. 9 Funciones con Simetría Axial

En la ilustración *Fig. 9 Funciones con Simetría Axial* vemos ejemplos de funciones matemáticas con simetría axial, que también llamamos funciones pares:

$$y = \frac{x^2}{10} \quad y = \frac{1}{x} \quad y = \cos x$$

Este tipo de simetría se encuentra frecuentemente en la naturaleza y en diversas artes y artesanías.

La simetría **central**, no es tan conocida ni tan reconocible a simple vista. En esta simetría los puntos simétricos se encuentran en los extremos de segmentos con su punto medio en el punto que la define o centro de simetría.

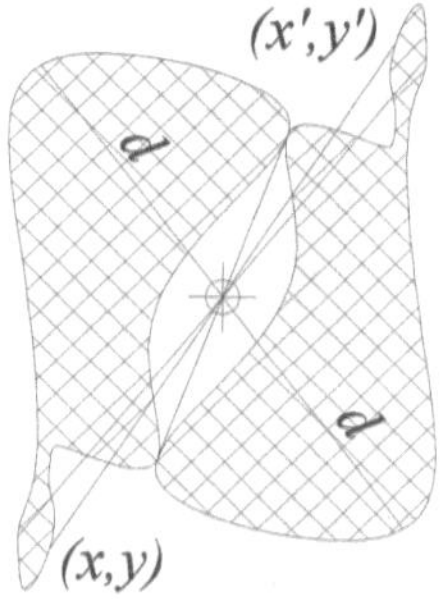

Desde el punto de vista matemático, podemos expresar esta simetría como:

$$x' = -x$$
$$y' = -y$$

Fig. 10 Figura con Simetría Central

Obviamente esto es para el caso en el que el centro de simetría coincide con el origen de coordenadas x=0, y=0. Si el centro es otro punto, siempre se pueden realizar una traslación que conviertan al centro de simetría en el origen (0,0).

Algunas funciones tienen simetría central, tal como las de la *Fig. 11 Funciones con Simetría Central*:

$$y = \frac{x^3}{10} \quad y = \frac{1}{x} \quad y = \operatorname{sen} x$$

Vemos que algunas funciones tienen ambas simetrías, como la función hiperbólica, que es simétrica respecto de:

$$y = x$$
$$y = -x$$
$$(0,0)$$

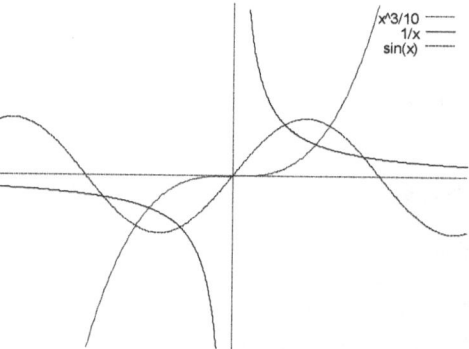

Fig. 11 Funciones con Simetría Central (impares)

Finalmente, la simetría **rotacional** que es menos conocida y suele ser confundida con la simetría central en algunos casos. En este tipo de simetría hay *k* puntos simétricos que están situados en *k* intervalos iguales (de valor α) a lo largo de una circunferencia con centro en el punto que define la simetría.

Por eso necesitamos para la definición completa de la simetría rotacional el **orden k**.

En la *Fig. 12 Figuras con Simetría Rotacional* se pueden ver simetrías rotacionales de orden 2, 3, 4 y 5 y de orden 2, 3 y 4 en la *Tabla 5 Fourier - Ejemplos con Simetría Rotacional*.

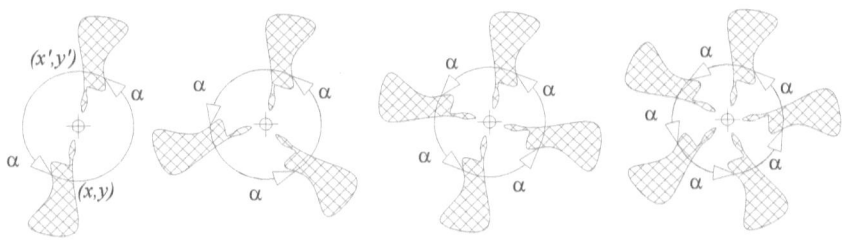

Fig. 12 Figuras con Simetría Rotacional

Desde el punto de vista matemático, podemos expresar esta simetría como:

$$x = \rho\cos\theta \quad x_n' = \rho\cos(\theta + n\tfrac{2\pi}{k})$$
$$y = \rho\sin\theta \quad y_n' = \rho\sin(\theta + n\tfrac{2\pi}{k})$$

$$\rho = \sqrt{x^2 + y^2} \quad x_n' = \sqrt{x^2 + y^2}\cos(arctg\tfrac{y}{x} + n\tfrac{2\pi}{k})$$
$$\theta = arctg\tfrac{y}{x} \quad y_n' = \sqrt{x^2 + y^2}\sin(arctg\tfrac{y}{x} + n\tfrac{2\pi}{k})$$

En coordenadas polares

$$\theta' = \theta + n\tfrac{2\pi}{k}$$

Igual que hasta ahora el centro de simetría es el origen de coordenadas, etc.

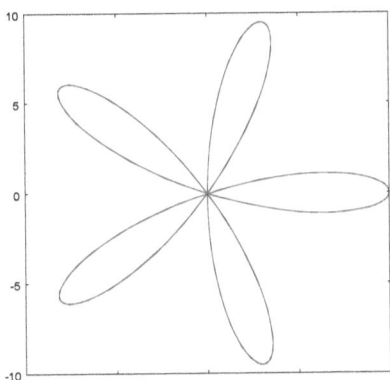

Fig. 13 Función con Simetría Rotacional

En la *Fig. 13 Función con Simetría Rotacional* vemos la función con simetría rotacional:

$$\rho = \sin 5 \cdot \theta$$

Es interesante observar que en multitud de procesos naturales relacionados con el crecimiento aparece la simetría rotacional. También nos muestra la naturaleza que la simetría rotacional no limita el concepto a la triangulación del círculo, es decir a su división en *k* triángulos iguales.

1.E Ejercicios Sobre MI

A título ilustrativo vamos a calcular el momento de inercia de varias figuras aplicando los conceptos tratados anteriormente. Esto lo haremos con un ejemplo ejecutado en el programa Maxima al que acompañamos de algunos gráficos.

---

1. Rectángulo

1. Ix

Un poco de limpieza (comando para limpiar entorno de trabajo)
(%i10) kill(all);
(%o0)*done*

Primero calculamos el MI para un elemento vertical de ancho diferencial y altura h
(%i1) da:integrate(y^2, y,-h/2,h/2);

(%o1) $\dfrac{h^3}{12}$

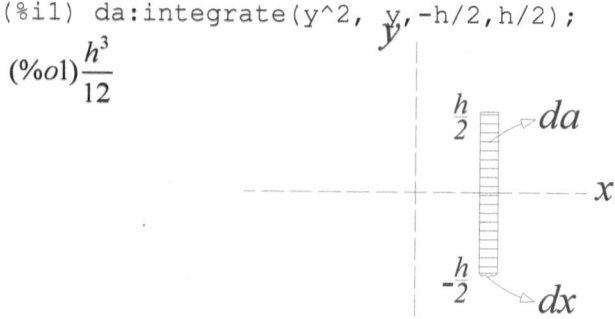

Luego integramos este diferencial de MI
(%i2) I:integrate(da, x, -b/2, b/2);

(%o2) $\dfrac{bh^3}{12}$

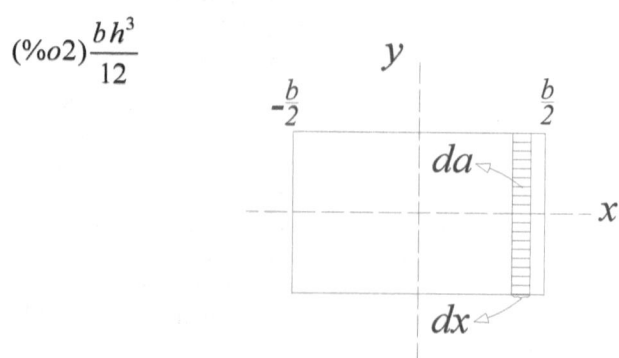

2. Iy

Primero calculamos el MI para un elemento horizontal diferencial de anchura b
`(%i3) da:integrate(y^2, y,-b/2,b/2);`

(%o3) 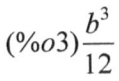 $\dfrac{b^3}{12}$

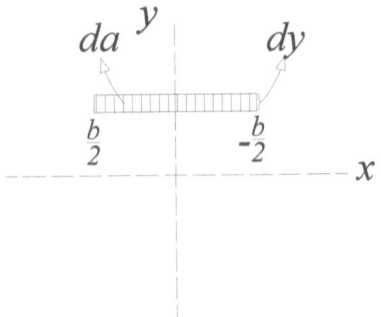

Luego integramos este diferencial de MI
`(%i4) I:integrate(da, x, -h/2, h/2);`

(%o4) $\dfrac{b^3 h}{12}$

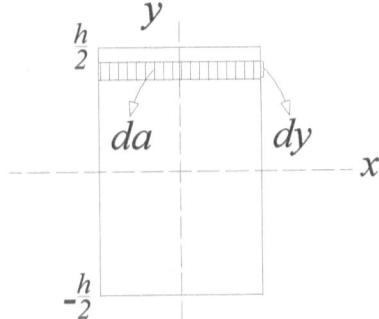

---

2. Triángulo

Triángulo Isósceles con vértice en origen

1. Ix

`(%i5) kill(all);`
(%o0) *done*

Ecuación del lado del triangulo
`(%i1) y(x):=x*(h/2)/b;`

(%o1) $y(x) := \dfrac{x \dfrac{h}{2}}{b}$

(%i2) y(b);

(%o2) $\dfrac{h}{2}$

(%i3) y(0);
(%o3) 0

Cálculo del MI para un elemento vertical diferencial de altura y(x)
(%i4) da:integrate(h^2, h,-y(x),y(x));

(%o4) $\dfrac{h^3 x^3}{12 b^3}$

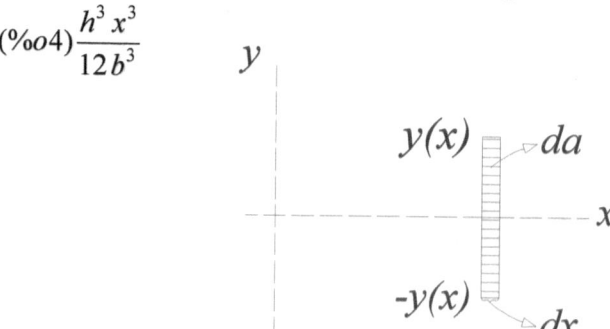

Integramos este diferencial de MI entre 0 y b
(%i5) I:integrate(da, x,0,b);

(%o5) $\dfrac{b h^3}{48}$

2. Iy

(%i6) kill(all);
(%o0) *done*

Ecuación del lado del triángulo
(%i1) x(y):=y/(h/2)*b;

(%o1) $\mathrm{x}(y) := \dfrac{y}{\dfrac{h}{2}} b$

Simetría Mecánica

(%i2) x(0);
(%o2) 0

(%i3) x(h/2);
(%o3) b

MI para un elemento Horizontal diferencial de x(y) a b
(%i4) da:integrate(j^2, j,x(y),b);

(%o4) $\dfrac{b^3}{3} - \dfrac{8b^3 y^3}{3h^3}$

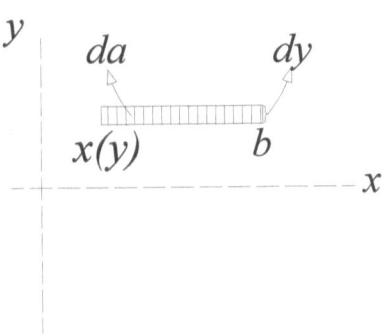

Integramos este diferencial de MI
(%i5) I:2*integrate(da, y,0,h/2);

(%o5) $\dfrac{b^3 h}{4}$

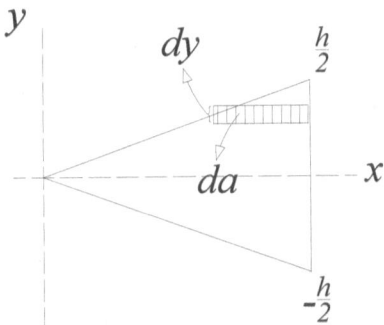

Para obtener el MI por el CdG usamos Steiner
(%i6) Icdg:I-(b*h/2)*(2*b/3)^2;

(%o6) $\dfrac{b^3 h}{36}$

3. Círculo

1. Polar

Preparación para cálculo limpio
(%i7) kill(all);
(%o0)*done*

(%i1) assume(r>0);
(%o1)$[r>0]$

Distancia al eje del centro de gravedad del diferencial de área
(%i2) y:r*sin(beta)/2;

(%o2)$\dfrac{sin(beta)\,r}{2}$

Valor del diferencial de área: a=r*r*dbeta. Nótese que dbeta va implícito al integrar
(%i3) a:r*r;
(%o3)r^2

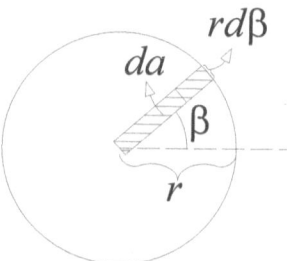

Integra Fint*da
(%i4) Fint:y^2*a;

(%o4)$\dfrac{sin(beta)^2\,r^4}{4}$

(%i5) I:integrate(Fint, beta,0,2*%pi);

(%o5)$\dfrac{\pi\,r^4}{4}$

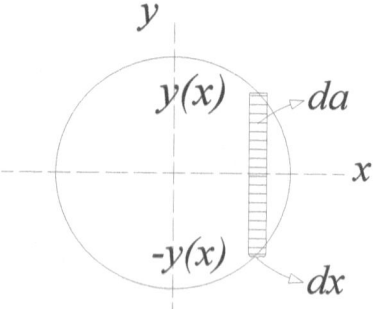

2. Cartesiano

```
(%i6) kill(y);
```
(%o6) *done*

Primero calculamos el MI para un elemento vertical diferencial
```
(%i7) da:integrate(y^2, y,-y,y);
```
$$(\%o7)\frac{2y^3}{3}$$

Ecuación del circulo
```
(%i8) y:sqrt(r^2-x^2);
```
$$(\%o8)\sqrt{r^2-x^2}$$

Integra Fint*dx
```
(%i9) Fint:ev(da, nouns);
```
$$(\%o9)\frac{\sqrt{2(r^2-x^2)^3}}{3}$$

```
(%i10) I:integrate(Fint, x,-r,r);
```
$$(\%o10)\frac{\pi r^4}{4}$$

Preguntas y respuestas conocidas 2

2 Preguntas y respuestas conocidas

Tenemos preguntas y buscamos respuestas para nuestro mundo físico y real, teniendo en mente estructuras y elementos con propiedades físicas que no permiten transformaciones como inversiones, homotecias,... nuestras entidades "del mundo real" serán trasladadas o rotadas. Por ello solo trataremos traslaciones y rotaciones en este libro.

Cualquier posible cuestión relacionada con la traslación queda resuelta por el teorema de Steiner, que veremos en detalle, pero sobre todo estudiaremos las rotaciones.

2.1 ¿Qué ocurre si rotamos una sección?

El MI cambiará. Solo en algunos casos especiales el MI permanecerá constante tras la rotación:

a) Para secciones con MI constante. Este es un grupo pequeño (será mayor al final de este libro) incluyendo secciones redondas y alguna otra.

b) Rotando 180 grados.

c) En secciones con simetría rotacional de orden n si el giro es de $\alpha=360/n$ grados o múltiplos de α.

2.2 ¿Puedo calcular el MI girado con alguna fórmula?

Como regla general podemos decir que tras girar un ángulo α el valor del MI será:

$$I_x^{\alpha} = I_x \cos^2 \alpha + I_y \sin^2 \alpha - I_{xy} \sin 2\alpha$$

$$I_y^{\alpha} = I_x \sin^2 \alpha + I_y \cos^2 \alpha + I_{xy} \sin 2\alpha$$

$$I_{xy}^{\alpha} = \frac{I_x - I_y}{2} \sin 2\alpha + I_{xy} \cos 2\alpha$$

Ecuación 5 Momento de Inercia - Giro

Vemos algo nuevo. El MI nunca va solo. Vemos que cada I_x tiene su compañero ortogonal I_y y el I_{xy} para definir completamente el MI de la sección para cualquier dirección.

Como conclusión: necesitamos mucha información y fórmulas complejas para poder manejar el MI cuando rotamos una sección.

2.3 ¿Podemos simplificar el cálculo del MI al girar una sección?

No pero... No podemos simplificar el cálculo, pero sí podemos "simplificar" la sección para tener fórmulas más simples.

Del punto anterior vemos que podemos hallar el ángulo que hace $I_{xy} = 0$. Este ángulo define los ejes y los momentos principales de Inercia I_u e I_v.

$$I_{xy}{}^\alpha = \frac{I_x - I_y}{2}\sin 2\alpha + I_{xy}\cos 2\alpha = 0 \Rightarrow \alpha = -\tfrac{1}{2}\operatorname{arctg}\frac{2I_{xy}}{I_x - I_y}$$

Ecuación 6 Momento de Inercia - Ejes Principales

Pero esto solo nos da las direcciones principales. Si queremos simplificar necesitamos igualar los MI principales I_u e I_v llegando a:

$$I_x{}^\alpha = \frac{I_u + I_v}{2} + \frac{I_u - I_v}{2}\cos 2\alpha = I$$

$$I_y{}^\alpha = \frac{I_u + I_v}{2} - \frac{I_u - I_v}{2}\cos 2\alpha = I$$

$$I_{xy}{}^\alpha = \frac{I_u - I_v}{2}\sin 2\alpha = 0$$

$$\forall \alpha \in \Re$$

Ecuación 7 Momento de Inercia Constante

En otras palabras, lo que necesitamos es una sección con MI constante. Para semejante sección podemos decir que la elipse de inercia definida por I_x e I_y es un círculo:

$$I_x{}^\alpha = I_x = I_y = I = \text{constante} \quad (I_{xy} = 0)$$

Una sección en la que el MI no depende del ángulo.

2.4 Desarrollo del teorema de Steiner

Como es sabido, la expresión del teorema es:

$$I' = I + \Omega \cdot \delta^2$$

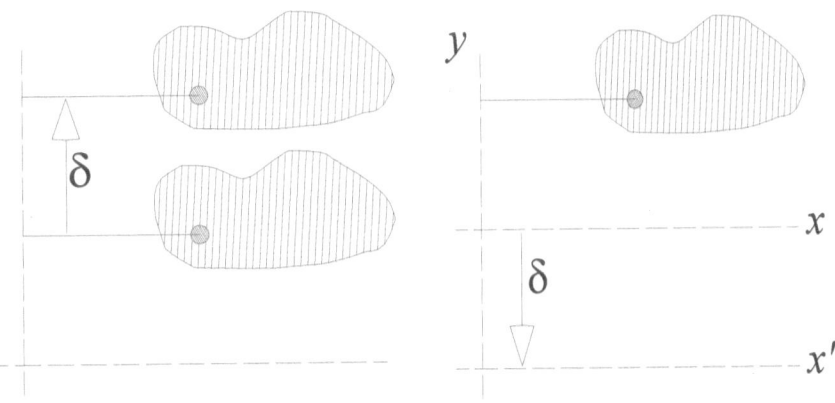

Sección Trasladada   Eje Trasladado

Fig. 14 Steiner - Traslación de sección y de eje

Esto se verifica, evidentemente, para el movimiento de la sección respecto de los ejes y para la traslación opuesta de los ejes. Siendo las coordenadas del punto después de la traslación:

$$x' = x$$
$$y' = y + \delta$$

Con las nuevas coordenadas integramos la ecuación que define el MI

$$I = \int_\Omega dist^2 \cdot d\Omega$$

$$I' = \int_\Omega (y')^2 \cdot d\Omega = \int_\Omega (y+\delta)^2 d\Omega = \int_\Omega (y^2 + \delta^2 + 2\delta y) d\Omega =$$
$$= \int_\Omega y^2 d\Omega + \delta^2 \int_\Omega d\Omega + 2\delta \int_\Omega y d\Omega = I + \Omega \delta^2 + 2\delta \int_\Omega y d\Omega$$

Para que se cumpla el teorema de Steiner debería anularse el término

$$2\delta \int_\Omega y d\Omega$$

El Teorema de Steiner se refiere a ejes pasando por el centro de gravedad, y para el CdG.

$$\int_\Omega y d\Omega = 0$$

Quedando demostrado que $I' = I + \Omega \cdot \delta^2$ para ejes pasando por el CdG.

Simetría Mecánica

¿Y qué le ocurre a I_{xy} al hacer una traslación?

$$I'_{xy} = \int_\Omega x \cdot y' \cdot d\Omega = \int_\Omega x(y+\delta) d\Omega = \int_\Omega (xy + x\delta) d\Omega =$$

$$= \int_\Omega xy\, d\Omega + \delta \int_\Omega x\, d\Omega = I_{xy} + \delta \int_\Omega x\, d\Omega$$

Puesto que el Teorema de Steiner se refiere a ejes pasando por el centro de gravedad:

$$\int_\Omega x\, d\Omega = 0$$

Con lo que queda probado que I_{xy} no cambia ($I'_{xy} = I_{xy}$) al hacer una traslación desde ejes pasando por el CdG.

Un error frecuente, al que pueden inducir las figuras previas, es calcular el nuevo MI desde un valor que no corresponde al del MI con el eje pasando por el centro de gravedad. Observen las figuras siguientes:

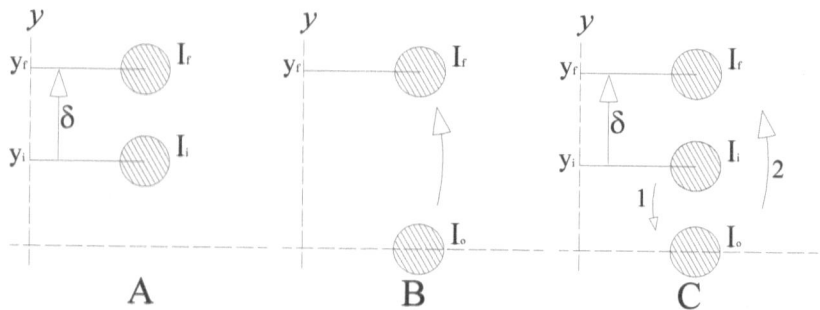

Fig. 15 Steiner - Cálculo correcto desde eje que no pasa oir el CDG

Si, como se muestra en la figura A, calculamos I_f aplicando la fórmula de Steiner desde I_i obtendremos un resultado incorrecto:

$$\text{NO!!} \quad \cancel{I_f = I_i + \Omega\delta^2} \quad [\text{I}]$$

Sabemos que el valor correcto se obtiene si, como se muestra en la figura B, calculamos I_f aplicando al fórmula de Steiner desde I_o, es decir, con un valor del MI pasando por el CdG:

$$I_f = I_o + \Omega y_f^2 = I_o + \Omega(y_i + \delta)^2$$

Además, porque es la expresión exacta del teorema de Steiner, sabemos que

$$I_i = I_o + \Omega y_i^2$$

Sustituyendo en [I]

$$I_f = \left(I_o + \Omega y_i^2\right) + \Omega \delta^2 = I_o + \Omega(y_i^2 + \delta^2) \neq I_o + \Omega(y_i + \delta)^2$$

Vemos que [I] es incorrecta.

Tenemos que proceder tal como se muestra en la figura C:

Primero calculamos I_o y luego I_f

$$I_o = I_i - \Omega y_i^2$$

$$I_f = I_o + \Omega y_f^2 = I_o + \Omega(y_i + \delta)^2 = \left(I_i - \Omega y_i^2\right) + \Omega(y_i + \delta)^2$$

$$I_f = I_i + \Omega(2\delta y_i + \delta^2)$$

Con lo que tenemos el valor de I_f en función de I_i y δ, pero este MI también depende de y_i. No se puede calcular directamente con I_i y δ.

2.5 Desarrollo de las ecuaciones de giro del MI

Como regla general podemos decir que tras girar un ángulo α el valor del MI será:

$$I_x^\alpha = I_x \cos^2 \alpha + I_y \sin^2 \alpha - I_{xy} \sin 2\alpha$$

$$I_y^\alpha = I_x \cos^2 \alpha + I_y \sin^2 \alpha + I_{xy} \sin 2\alpha$$

$$I_{xy}^\alpha = \frac{I_x - I_y}{2} \sin 2\alpha + I_{xy} \cos 2\alpha$$

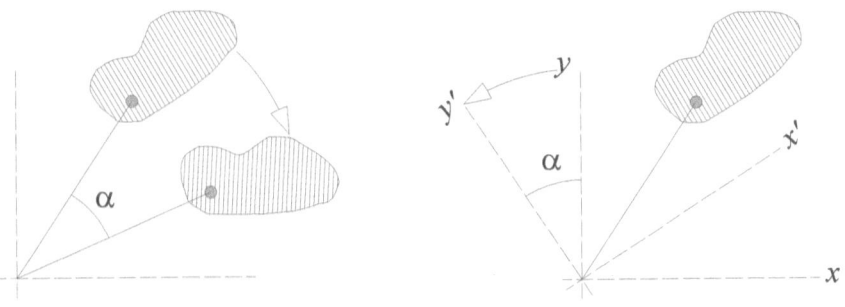

Sección girada   Ejes girados

Fig. 16 Ecuaciones para el giro de la sección - Sección girada y Ejes girados

Expresión que podemos calcular girando los ejes respecto a los que se calcula el MI un ángulo α, lo que es equivalente a girar la sección el mismo ángulo en sentido contrario. Siendo las coordenadas del punto:

$$x = \rho\cos\theta \quad x' = \rho\cos(\theta-\alpha)$$
$$y = \rho\sin\theta \quad y' = \rho\sin(\theta-\alpha)$$

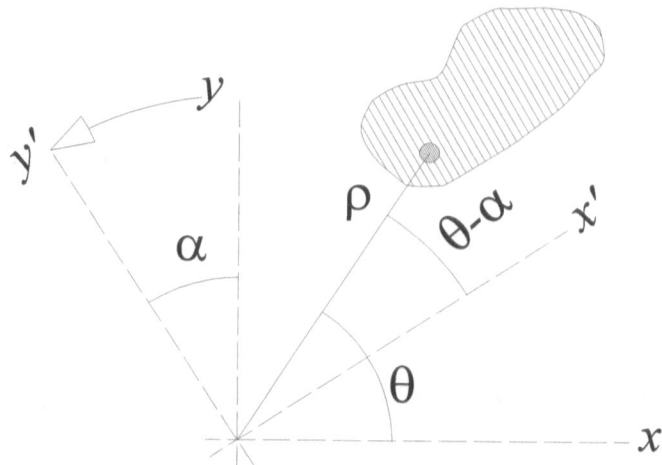

Fig. 17 Ecuaciones para el giro de la sección

$$x' = \rho\big(\cos(\alpha)\cos(\theta)+\sin(\alpha)\sin(\theta)\big)= x\cos\alpha + y\sin\alpha$$
$$y' = \rho\big(-\sin(\alpha)\cos(\theta)+\cos(\alpha)\sin(\theta)\big)= -x\sin\alpha + y\cos\alpha$$

Con las nuevas coordenadas integramos la ecuación que define el MI

$$I = \int_\Omega dist^2 \cdot d\Omega$$

$$I_x^\alpha = \int_\Omega (y')^2 \cdot d\Omega = \int_\Omega (-x\sin\alpha + y\cos\alpha)^2 d\Omega =$$
$$= \int_\Omega (x^2 \sin^2\alpha + y^2 \cos^2\alpha - 2xy\cos\alpha\sin\alpha)d\Omega =$$
$$= \cos^2\alpha \int_\Omega y^2 \, d\Omega + \sin^2\alpha \int_\Omega x^2 \, d\Omega - 2\cos\alpha\sin\alpha \int_\Omega xy \, d\Omega =$$
$$= I_x \cos^2\alpha + I_y \sin^2\alpha - I_{xy} 2\cos\alpha\sin\alpha =$$
$$= I_x \cos^2\alpha + I_y \sin^2\alpha - I_{xy} \sin 2\alpha = I_x^\alpha$$

$$I_y^\alpha = \int_\Omega (x')^2 \cdot d\Omega = \int_\Omega (x\cos\alpha + y\sin\alpha)^2 d\Omega =$$

$$= \int_\Omega (x^2\cos^2\alpha + y^2\sin^2\alpha + 2xy\cos\alpha\sin\alpha)d\Omega =$$

$$= \cos^2\alpha \int_\Omega x^2 d\Omega + \sin^2\alpha \int_\Omega y^2 d\Omega + 2\cos\alpha\sin\alpha \int_\Omega xy\, d\Omega =$$

$$= I_y \cos^2\alpha + I_x \sin^2\alpha + I_{xy} 2\cos\alpha\sin\alpha =$$

$$= I_x \sin^2\alpha + I_y \cos^2\alpha + I_{xy} \sin 2\alpha = I_y^\alpha$$

$$I_{xy}^\alpha = \int_\Omega x'y' d\Omega = \int_\Omega (x\cos\alpha + y\sin\alpha)(-x\sin\alpha + y\cos\alpha)d\Omega =$$

$$= \int_\Omega (-x^2 \sin\alpha\cos\alpha + xy\cos^2\alpha - xy\sin^2\alpha + y^2 \sin\alpha\cos\alpha)d\Omega =$$

$$= \int_\Omega (y^2 \frac{\sin 2\alpha}{2} - x^2 \frac{\sin 2\alpha}{2} + xy\cos 2\alpha)d\Omega =$$

$$= \frac{\sin 2\alpha}{2} \int_\Omega y^2 d\Omega - \int_\Omega x^2 d\Omega + \cos 2\alpha \int_\Omega xy\, d\Omega =$$

$$= (I_x - I_y)\frac{\sin 2\alpha}{2} + I_{xy} \cos 2\alpha =$$

$$= \frac{(I_x - I_y)}{2}\sin 2\alpha + I_{xy}\cos 2\alpha = I_{xy}^\alpha$$

2.6 Superposición

En algunos textos se cita como teorema, pero nosotros lo vemos como consecuencia directa de la propia definición del concepto: el MI de una sección se puede obtener como la suma de las partes que lo componen. Para exponerlo, realmente, reescribimos la definición:

$$I_{Total} = I_1 + I_2 + \ldots + I_n = \sum_{i=1}^{n} I_i$$

Con el ejemplo siguiente vamos a ilustrar la superposición y la importancia de la distancia al eje en el valor del MI. Consideremos una sección compuesta por dos rectángulos con anchura b y altura h y cuyos centros de gravedad están situados a una distancia h del eje.

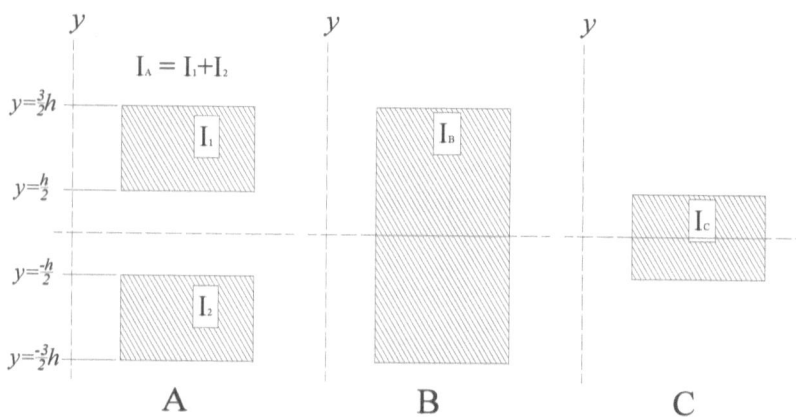

Fig. 18 Superposición e importancia de la distancia al eje para MI

$$I_{Total} = I_A = I_1 + I_2$$

$$I_1 = I_2 = \frac{bh^3}{12} + \Omega \cdot dist^2 = \frac{bh^3}{12} + bh \cdot h^2 = \frac{13}{12}bh^3$$

$$I_A = 2\frac{13}{12}bh^3 = \frac{26}{12}bh^3$$

$$I_B = \frac{b \cdot (3h)^3}{12} = \frac{27}{12}bh^3$$

$$I_C = \frac{1}{12}bh^3$$

$$I_B - I_C = \frac{27}{12}bh^3 - \frac{1}{12}bh^3 = \frac{26}{12}bh^3 = I_A$$

Este ejemplo muestra que se cumple la superposición y además, si vemos la proporción entre el MI de las figuras A, B y C queda claro que 2/3 del peso (área de A frente a área de B) aportan 26 veces más MI, o dicho de otra forma, que el tercio del área (peso) alrededor del eje sólo aporta 1/27 del MI (en la sección B).

Este razonamiento es el que nos lleva a asociar el alejamiento del área de una sección con respecto al eje con una mayor MI. Por ejemplo las secciones normalizadas en I (también llamadas doble T o H) son la materialización práctica de este criterio. De la misma forma la ubicación de las armaduras de acero en el hormigón armado próximas el perímetro exterior de las seccione maximiza la eficiencia de la sección.

2.E Ejercicio - Cálculo del MI con traslación y giro

Compararemos los resultados de la aplicación Steiner contenida en este libro y los del paquete de calculo matemático Maxima a través de un libro de trabajo.

Definimos un círculo y un rectángulo con la misma superficie

```
(%i1)  r:2;
```
(%o1) 2

1. Área

1. Círculo
```
(%i2)  Ac:%pi*r^2;
```
(%o2) 4π

2. Rectángulo
```
(%i3)  b:r;
```
(%o3) 2

```
(%i4)  h:%pi*r;
```
(%o4) 2π

```
(%i5)  Ar:b*h;
```
(%o5) 4π

2. Posición Inicial

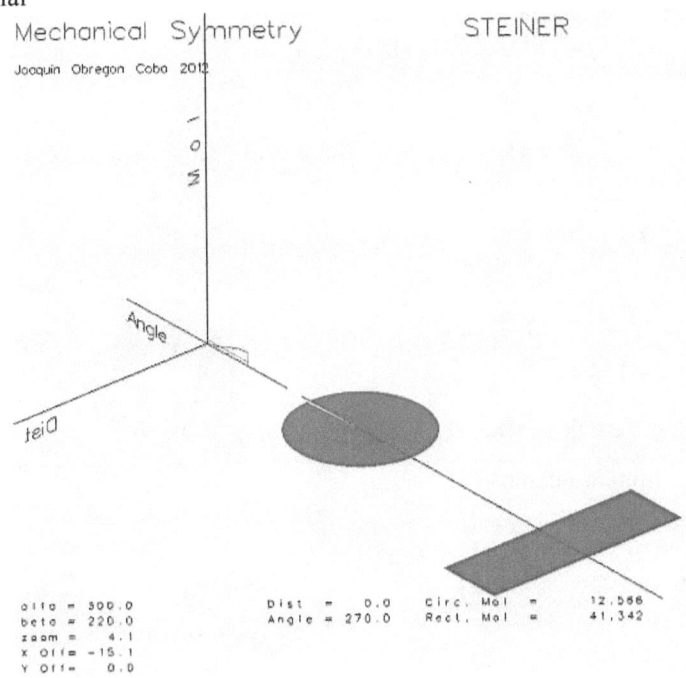

1. Círculo

Círculo con el centro en el eje.

```
(%i6)  Ic0:(%pi*r^4)/4;
```
(%o6)4π

```
(%i7)  float(%), numer;
```
(%o7)12.56637061435917

2. Rectángulo

Rectángulo con el CdG en el eje y el lado mayor a 90° con el eje

```
(%i8)  IRx0:(b*h^3)/12;
```
(%o8)$\dfrac{4\pi^3}{3}$

```
(%i10) float(%), numer;
```
(%o10)41.34170224039976

```
(%i11) IRy0:(b^3*h)/12;
```
(%o11)$\dfrac{4\pi}{3}$

```
(%i13) float(%), numer;
```
(%o13)4.188790204786391

Ahora Ixy

```
(%i14) first(x,y):=integrate(x*y, y,-h/2,h/2);
```
(%o14)$\mathrm{first}(x,y):=\int_{\frac{-h}{2}}^{\frac{h}{2}} x\,y\,dy$

```
(%i15) IRxy0:integrate(first(x,y), x,-b/2,b/2);
```
(%o15)0

Como era de esperar al ser ejes principales

3. Primero giramos 45°

```
(%i16) alfa:45/180*%pi;
```
(%o16)$\dfrac{\pi}{4}$

```
Dist  =    0.0      Circ. MoI  =   12.566
Angle =  315.0      Rect. MoI  =   22.765
```

1. Círculo

Círculo con el centro en el eje.

```
(%i17)  Ic1:(%pi*r^4)/4;
```
(%o17) 4π

```
(%i18)  float(%), numer;
```
(%o18) 12.56637061435917

2. Rectángulo Fórmulas para el giro

```
(%i19)  IRxnew(Ix,Iy,Ixy,a):=Ix*cos(a)^2+Iy*sin(a)^2-
Ixy*sin(2*a);
```
(%o19) $\text{IRxnew}(Ix, Iy, Ixy, a) := Ix\cos(a)^2 + Iy\sin(a)^2 + (-Ixy)\sin(2a)$

```
(%i20)  IRx1:IRxnew(IRx0,IRy0,IRxy0,alfa);
```
(%o20) $\dfrac{2\pi^3}{3} + \dfrac{2\pi}{3}$

```
(%i21)  float(%), numer;
```
(%o21) 22.76524622259307

```
(%i22)  IRynew(Ix,Iy,Ixy,a):=Ix*sin(a)^2+Iy*cos(a)^2+I
xy*sin(2*a);
```
(%o22) $\text{IRynew}(Ix, Iy, Ixy, a) := Ix\sin(a)^2 + Iy\cos(a)^2 + Ixy\sin(2a)$

```
(%i23)  IRy1:IRynew(IRx0,IRy0,IRxy0,alfa);
```
(%o23) $\dfrac{2\pi^3}{3} + \dfrac{2\pi}{3}$

```
(%i24)  float(%), numer;
```
(%o24) 22.76524622259307

```
(%i25)  IRxynew(Ix,Iy,Ixy,a):=Ixy*cos(2*a)+(Ix+Iy)/2*s
in(2*a);
```
(%o25) $\text{IRxynew}(Ix, Iy, Ixy, a) := Ixy\cos(2a) + \dfrac{Ix+Iy}{2}\sin(2a)$

```
(%i26)  IRxy1:IRxynew(IRx0,IRy0,IRxy0,alfa);
```
(%o26) $\dfrac{\frac{4\pi^3}{3} + \frac{4\pi}{3}}{2}$

```
(%i27) float(%), numer;
```
(%o27)22.76524622259307

---

4. Traslación de 4 unidades

Steiner
```
(%i28)  d:4;
```
(%o28)4

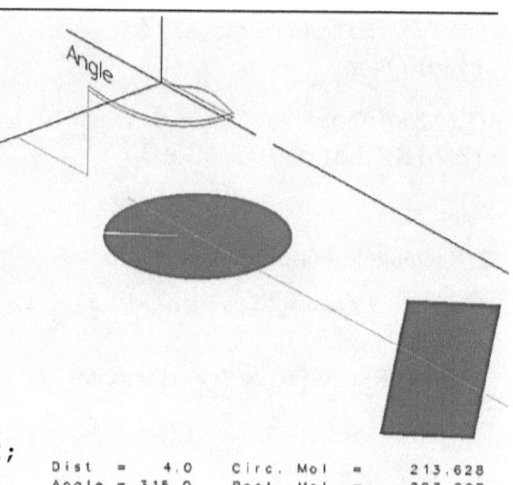

1. Círculo
```
(%i29)  Ic2:Ic1+Ac*d^2;
```
(%o29)68π

```
(%i30)  float(%), numer;
```
(%o30)213.628300444106

2. Rectángulo
```
(%i31)  IRx2:IRx1+Ar*d^2;
```
(%o31)$\dfrac{2\pi^3}{3}+\dfrac{194\pi}{3}$

```
(%i32)  float(%), numer;
```
(%o32)223.8271760523398

---

5. Traslación de 1 unidad más

Steiner
```
(%i33)  d1:1;
```
(%o33)1

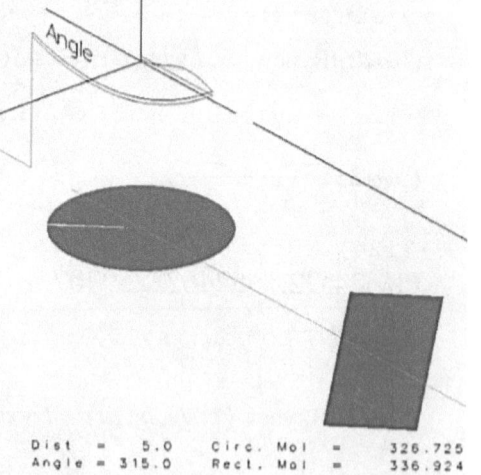

1. Círculo - Circle
```
(%i34)  Ic3:Ic2+Ac*d1^2;
```
(%o34)72π

```
(%i35)  float(%), numer;
```
(%o35)226.1946710584651

----- NO NO NO ----- INCORRECTO

2. Rectángulo
```
(%i36)  IRx3:IRx2+Ar*d1^2;
```
(%o36)$\dfrac{2\pi^3}{3}+\dfrac{206\pi}{3}$

```
(%i37) float(%), numer;
```
(%o37)236.393546666699 ----- NO NO NO ----- INCORRECTO

Hagámoslo bien

3. Circulo
```
(%i38)  Ic3:Ic1+Ac*(d+d1)^2;
```
(%o38)104π
```
(%i39) float(%), numer;
```
(%o39)326.7256359733385

4. Rectángulo
```
(%i40)  IRx3:IRx1+Ar*(d+d1)^2;
```
(%o40)$\dfrac{2\pi^3}{3}+\dfrac{302\pi}{3}$
```
(%i41) float(%), numer;
```
(%o41)336.9245115815724

Y ahora con un acercamiento al problema basado en la definición de MI sin usar el Teorema de Steiner.

Definimos un círculo y un rectángulo con la misma superficie
```
(%i1)  r:2;
```
(%o1)2

---

1. Origen

Primero calculamos el MI para un elemento vertical diferencial
```
(%i2)  da:integrate(y^2, y,-y,y);
```
(%o2)$\dfrac{2y^3}{3}$

Ecuación del circulo
```
(%i3)  y:sqrt(r^2-x^2);
```
(%o3)$\sqrt{4-x^2}$

Integra Fint*dx
```
(%i4)  Fint:ev(da, nouns);
```
(%o4)$\dfrac{2\left(4-x^2\right)^{\frac{3}{2}}}{3}$

```
(%i5) I:integrate(Fint, x,-r,r);
```
(%o5)4π

```
(%i6) float(%), numer;
```
(%o6)12.56637061435917

---

2. Moviendo 4 unidades

```
(%i7) kill(y);
```
(%o7)*done*

```
(%i8) d:4;
```
(%o8)4

Primero calculamos el MI para un elemento vertical diferencial

```
(%i9) da:integrate(y^2, y,-y+d,y+d);
```
(%o9)$\dfrac{y^3+12y^2+48y+64}{3}+\dfrac{y^3-12y^2+48y-64}{3}$

Ecuación del circulo

```
(%i10) y:sqrt(r^2-x^2);
```
(%o10)$\sqrt{4-x^2}$

Integra Fint*dx

```
(%i11) Fint:ev(da, nouns);
```
(%o11)$\dfrac{(4-x^2)^{\frac{3}{2}}+48\sqrt{4-x^2}+12(4-x^2)+64}{3}+$

$\dfrac{(4-x^2)^{\frac{3}{2}}+48\sqrt{4-x^2}-12(4-x^2)-64}{3}$

```
(%i12) I:integrate(Fint, x,-r,r);
```
(%o12)68π

```
(%i13) float(%), numer;
```
(%o13)213.628300444106

---

3. Moviendo 1 unidad mas

```
(%i14) kill(y);
```
(%o14)*done*

(%i15) d1:1;
(%o15) 1

Primero calculamos el MI para un elemento vertical diferencial
(%i16) da:integrate(y^2, y,-y+d+d1,y+d+d1);

$$(\%o16) \frac{y^3+15y^2+75y+125}{3}+\frac{y^3-15y^2+75y-125}{3}$$

Ecuación del circulo

(%i17) y:sqrt(r^2-x^2);

$$(\%o17)\sqrt{4-x^2}$$

Integra Fint*dx

(%i18) Fint:ev(da, nouns);

$$(\%o18)\frac{(4-x^2)^{\frac{3}{2}}+75\sqrt{4-x^2}+15(4-x^2)+125}{3}+$$

$$\frac{(4-x^2)^{\frac{3}{2}}+75\sqrt{4-x^2}-15(4-x^2)-125}{3}$$

(%i19) I:integrate(Fint, x,-r,r);
(%o19) 104π

(%i20) float(%), numer;
(%o20) 326.7256359733385

Nuevas Respuestas

Simetría Mecánica

3

3 Nuevas Respuestas – Simetría Mecánica

De lo visto hasta ahora tenemos una respuesta a nuestras preguntas que es realmente un objetivo: encontrar secciones con MI constante. Desde ahora llamaremos a estas secciones "Mecánicamente Simétricas" o MS. Por lo tanto, nuestro objetivo es encontrar secciones MS.

3.1 Test Previo

Antes de llegar a nuevas respuestas veamos a lo que nos lleva lo que se nos ha venido enseñando hasta ahora.

El test que se presenta consiste en elegir entre varias figuras aquella que tiene mayor MI. Concretamente entre parejas con: 1, 2, 3, 4, 5 y 6 partículas (o pequeños círculos). No hay datos de geometría porque es un test conceptual, no para hacer cálculos y comparar cifras. Solo necesitan saber que la distancia entre partículas es igual para cada n.

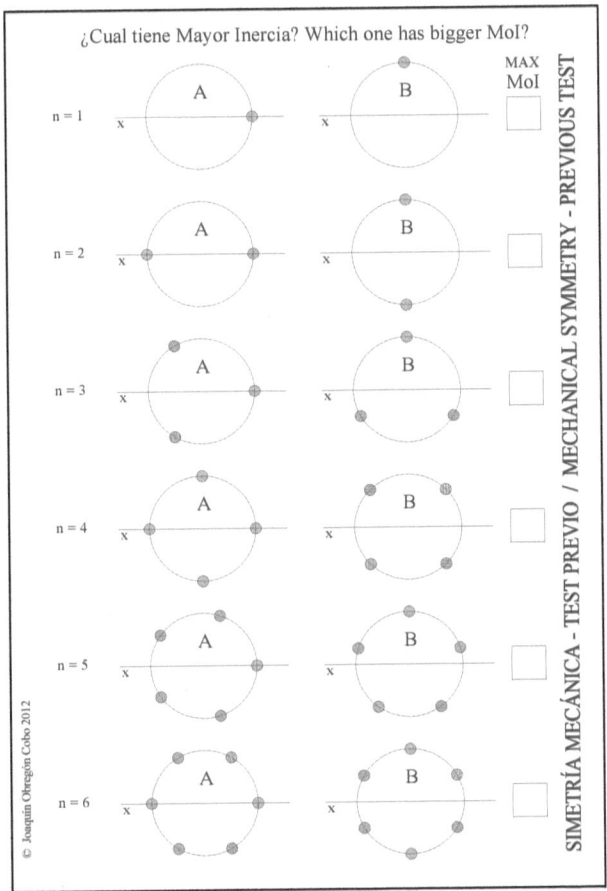

Dejen que adivinemos sus respuestas:

n = 1 → B , n = 2 → B , n = 3 → B , n = 4 → B , n = 5 → B , n = 6 → B

De 1 a 3 está claro, el 4 parece claro y el 5 y el 6 ya no está tan claro, parece que el valor es similar.

Sin embargo la respuesta correcta es B para 1 y 2, pero de 3 en adelante ambos valores son iguales.

¿Qué ha pasado? Cuando buscamos aumentar el MI de una sección o figura intentamos alejar la materia resistente, o el área de la sección, del eje respecto al que calculamos el MI. Esto es perfectamente correcto además de inteligente, pero nos lleva a identificar el alejamiento del eje con un mayor valor del MI.

A continuación veremos la explicación para estos resultados, en cierto modo sorprendentes.

3.2 Primera aproximación

Empezaremos con lo simple para solucionar lo complejo, buscaremos una sección MS compuesta por partículas. ¿Porqué partículas? Porque tienen MI constante. Podemos acordar que un círculo pequeño es una partícula, sabiendo que la sección circular tiene MI constante.

3.2.1 Secciones de partículas MS

¿Cómo colocar k partículas para que sean MS? Hemos visto que solo la simetría rotacional tiene relación con los giros (lo que no es sorprendente). Situaremos las k partículas en una sección con simetría rotacional de orden k y comprobaremos si el MI es constante o no.

El primer paso es calcular el valor del MI. La fórmula utilizada es:

$$I_k = kI_n + a\sum_{n=1}^{k} d_n^2 \qquad [2]$$

Ecuación 8 MI Partículas - Primera Suma

Siendo a y kI_n constantes, la única fuente de cambios es:

$$\sum_{n=1}^{k} d_n^2 = \sum_{n=1}^{k} (rsen\alpha_n)^2 = r^2 \sum_{n=1}^{k} (sen\alpha_n)^2$$

Ecuación 9 MI Partículas - Parte Variable

Se calcula el valor del sumatorio para diferentes $\alpha_n = \dfrac{2\pi}{k}n + \alpha_0$ en función de α_0 viendo que el valor obtenido fue $\dfrac{k}{2}$ para todos los valores mayores que 2, independientemente del ángulo α_0. Esto quiere decir que el valor del MI no depende de la orientación de la sección para $k \geq 3$.

En el gráfico podemos ver en el eje vertical

$$y = \dfrac{\sum_{n=1}^{k}\left(sen\left(\dfrac{2\pi}{k}n + \alpha_0\right)\right)^2}{k}$$

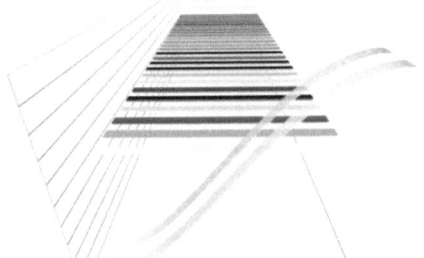

Fig. 19 MI Partículas - Gráfico Sumas

donde α_0 Varía de 0° a 90° de izquierda a derecha y k Varía desde 1 hasta 28 hacia el fondo, mostrando valor constante para $k \geq 3$.

A continuación se muestra un extracto de un programa de ordenador para comprobar las sumas. Véanlo completo en el apéndice 2.

```
REM LOOP FOR k from 1 TO 16
REM     loop for orientation from 0 to 90 degrees
REM           LOOP TO sum every particle (i from 1 TO k)
FOR k=1.0 TO SAMPLES STEP 1.0
   PRINT USING " ## ": k;
   REM ang is the angle between particles
   LET ang = PI * 2.0 / k
   REM angIni defines the rotation of the section as the
   REM       initial angle for the first particle
   FOR angIni = 0.0 TO PI/2.0 STEP ANGININCRAD
      LET sum = 0.0
      FOR i=1 TO k
         REM alfa is the angle for every particle
         LET alfa = ang * i + angIni
         LET sum = sum + SIN(alfa)*SIN(alfa)
      NEXT i
      REM Now sum has the sum of sin2
      LET sum = sum / k
      REM Now it contains the constant sum/k (for k≥ 3)
      REM And we print it
      PRINT USING "----%.###": sum;
   NEXT angIni
   PRINT
NEXT k
```

Sabemos ahora que la fórmula simplificada para calcular el MI de un conjunto de k elementos redondos con simetría de orden k es:

[a] $$I_k = \frac{k \cdot a \cdot r^2}{2} \quad \forall\, k \in \mathbb{N}, k \geq 3$$

Ecuación 10 MI Partículas - Fórmula Simplificada

Si preferimos un cálculo exacto con el MI de cada partícula (I_n)

[b] $$I_k = kI_n + a\sum_{n=1}^{k} d_n^2 = k\left(I_n + \frac{a \cdot r^2}{2}\right)$$

$$\forall\, k \in \mathbb{N}, k \geq 3$$

Ecuación 11 MI Partículas - Fórmula Exacta

Siendo

k Número de partículas

a Área de cada partícula

r Radio de la circunferencia

I_n Momento de Inercia de cada partícula

En este punto ya tenemos una respuesta, sabemos cómo obtener una sección de partículas Mecánicamente Simétrica: Disponiendo las partículas con simetría rotacional de orden k.

A continuación la demostración matemática:

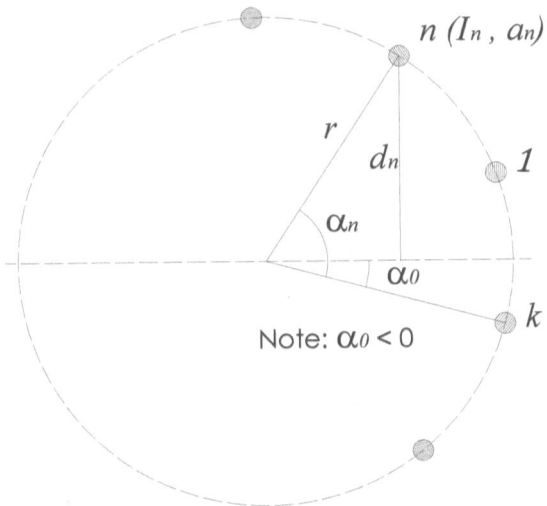

Fig. 20 MI Partículas - Demostración

Ángulo de la partícula n:

$$\alpha_n = \frac{2\pi}{k} n + \alpha_0 \qquad \forall\, n \in \mathbb{N}, n \leq k$$

Distancia al eje:

$$d_n = r \cdot sen\alpha_n$$

Momento y Área de la partícula n:

$$I_n \qquad a_n$$

Calculamos el MI de las *k* partículas (Steiner)

$$I_k = kI_n + \sum_{n=1}^{k} a_n d_n^2 \qquad [1]$$

Elementos iguales con MI constante (Sin simetría rotacional en otro caso):

[2]
$$I_k = kI_n + a\sum_{n=1}^{k} d_n^2$$

Donde

[3]
$$\sum_{n=1}^{k} d_n^2 = \sum_{n=1}^{k}(rsen\alpha_n)^2 = \sum_{n=1}^{k} \frac{r^2}{2}(1-\cos 2\alpha_n) = \frac{r^2}{2}\left(\sum_{n=1}^{k} 1 - \sum_{n=1}^{k}\cos 2\alpha_n\right)$$

Para el cálculo del segundo sumando usamos la notación de Euler

$$e^{\alpha i} = \cos\alpha + i\,sen\alpha$$

Ecuación 12 Notación de Euler

$$\sum_{n=1}^{k}\cos 2\alpha_n + i\sum_{n=1}^{k}sen 2\alpha_n = \sum_{n=1}^{k}e^{i2\alpha_n} = \sum_{n=1}^{k}e^{i2\left(\frac{2\pi}{k}n+\alpha_0\right)} =$$

$$= \sum_{n=1}^{k} e^{i\frac{4\pi}{k}n + 2\alpha_0} = \sum_{n=1}^{k} e^{i\frac{4\pi}{k}n} e^{i2\alpha_0}$$

Esto es la suma de una progresión geométrica de 1 a k

$$a_n = e^{i2\alpha_n} = e^{i2\alpha_0} e^{i\frac{4\pi}{k}n} \qquad \overset{a_{n+1}=a_n p}{\Rightarrow} \qquad p = e^{i\frac{4\pi}{k}}$$

$$a_1 = e^{i2\alpha_0} e^{i\frac{4\pi}{k}}$$

$$a_k = e^{i2\alpha_0} e^{i\frac{4\pi}{k}k} = e^{i2\alpha_0} e^{i4\pi}$$

Fórmula para la suma

$$S_k = \frac{a_1 - p\cdot a_k}{1-p}$$

Remplazando

$$S_k = \frac{e^{i2\alpha_0}e^{i\frac{4\pi}{k}} - e^{i2\alpha_0}e^{i\frac{4\pi}{k}}\cdot e^{i4\pi}}{1-e^{i\frac{4\pi}{k}}} = \frac{\left(1-e^{i4\pi}\right)\cdot e^{i2\alpha_0}e^{i\frac{4\pi}{k}}}{1-e^{i\frac{4\pi}{k}}} = \frac{0}{1-e^{i\frac{4\pi}{k}}}$$

Evaluando el denominador para cada valor de k

$$k = 1$$

$$e^{i\frac{4\pi}{k}} = e^{i4\pi} = \cos 4\pi + i\,sen\, 4\pi = 1$$

$$1 - e^{i\frac{4\pi}{k}} = 1 - 1 = 0$$

$$S_k \neq 0$$

$$k = 2$$

$$e^{i\frac{4\pi}{k}} = e^{i2\pi} = \cos 2\pi + i\,sen\, 2\pi = 1$$

$$1 - e^{i\frac{4\pi}{k}} = 1 - 1 = 0$$

$$S_k \neq 0$$

$$k = 3$$

$$e^{i\frac{4\pi}{k}} = e^{i\frac{4}{3}\pi} = \cos\tfrac{4}{3}\pi + i\,sen\,\tfrac{4}{3}\pi = -0'5 - 0'866\,i$$

$$1 - e^{i\frac{4\pi}{k}} \neq 0$$

$$S_k = 0$$

$$k = 4$$

$$e^{i\frac{4\pi}{k}} = e^{i\pi} = \cos \pi + i\,sen\, \pi = -1$$

$$1 - e^{i\frac{4\pi}{k}} = 1 + 1 \neq 0$$

$$S_k = 0$$

Simetría Mecánica

$$k \geq 5$$

$$e^{i\frac{4\pi}{k}} = e^{iA\pi} \quad 0 \leq A \leq 1 \Rightarrow \cos A\pi + isenA\pi \neq 1$$

$$1 - e^{i\frac{4\pi}{k}} \neq 0$$

$$S_k = 0$$

Llegamos a

$$S_k = 0 \quad \forall\, k \in \mathbb{N}, k \geq 3$$

Ecuación 13 MI Partículas - Suma Nula Demostración

Y por ello

$$S_k = \sum_{n=1}^{k} e^{i\frac{4\pi}{k}n} e^{i2\alpha_0} = \sum_{n=1}^{k} \cos 2\alpha_n + i\sum_{n=1}^{k} sen 2\alpha_n = 0 + 0i \Rightarrow$$

$$\Rightarrow \sum_{n=1}^{k} \cos 2\alpha_n = 0$$

Reemplazando en [3]

[4] $$\sum_{n=1}^{k} d_n^2 = \frac{r^2}{2}\left(\sum_{n=1}^{k} 1 - \sum_{n=1}^{k} \cos 2\alpha_n\right) = \frac{r^2}{2}\left(\sum_{n=1}^{k} 1 - 0\right) = \frac{k \cdot r^2}{2}$$

Y finalmente yendo a [2]

[5] ≡ [b] $$I_k = kI_n + a\sum_{n=1}^{k} d_n^2 = kI_n + a\frac{k \cdot r^2}{2} = k\left(I_n + \frac{a \cdot r^2}{2}\right)$$

$$\forall\, k \in \mathbb{N}, k \geq 3$$

Ecuación 14 MI Partículas - Demostración Fórmula Exacta

Vemos que la fórmula obtenida no tiene ninguna dependencia de α_0, lo que significa que el MI es constante con independencia de la orientación de la sección para $k \geq 3$. Finalmente podemos afirmar que un conjunto de k partículas dispuestas con simetría rotacional de orden k tienen MI constante, es decir tienen **Simetría Mecánica,** para $k \geq 3$.

3.2.2 Fórmulas para Sistemas de partículas MS

Hemos demostrado que para un sistema de partículas dispuestas con simetría rotacional de orden k:

$$I_k = k\left(I_n + \frac{a \cdot r^2}{2}\right) \quad \forall\, k \in \mathbb{N}, k \geq 3 \qquad [b] \equiv [5]$$

Ecuación 15 MI Partículas

Siendo
k Número de partículas
a Área de cada partícula
r Radio de la circunferencia sobre la que están dispuestas las partículas
I_n Momento de cada partícula

En ocasiones kI_n es despreciable frente a $\dfrac{k \cdot a \cdot r^2}{2}$ por lo que podemos usar:

$$I_k = \frac{k \cdot a \cdot r^2}{2} \quad \forall\, k \in \mathbb{N}, k \geq 3 \qquad [a] \equiv [6]$$

Ecuación 16 MI Partículas Aproximada

Con una precisión

$$\Delta I_k = \frac{k\left(I_n + \dfrac{a \cdot r^2}{2}\right) - \dfrac{k \cdot a \cdot r^2}{2}}{\dfrac{k \cdot a \cdot r^2}{2}} = \frac{\left(I_n + \dfrac{a \cdot r^2}{2}\right) - \dfrac{a \cdot r^2}{2}}{\dfrac{a \cdot r^2}{2}} = \frac{2I_n}{a \cdot r^2} \qquad [7]$$

Ecuación 17 MI Partículas Precisión

Respecto a la precisión de la fórmula [6] tal como la define la fórmula [7] vemos que no depende del número de elementos k.

Vea en la tabla siguiente *Tabla 1 MI Partículas - Precisión de la Fórmula Aproximada* algunos ejemplos. Los valores para los que se ha hecho la tabla son casos típicos de uso de armaduras de acero utilizadas en hormigón armado (concreto reforzado). Valores normales de diámetros de barras y diámetros usuales en las secciones de columnas de hormigón.

Digamos que el diámetro del círculo es el de la columna de hormigón y que el diámetro de las partículas es de las armaduras de acero.

Esto significa que los cálculos hechos con la fórmula simplificada [6] son suficientemente precisos para cualquier cálculo de hormigón armado.

Tabla 1 MI Partículas - Precisión de la Fórmula Aproximada

Diámetro Círculo (cm)	Número de Partículas	Diámetro Partículas (mm)	MI Exacto (cm^4)	MI Aprox. (cm^4)	Precisión (‰)
60	8	16	7240,8	7238,2	**0,36**
60	8	25	17686,8	17671,5	**0,87**
60	8	40	45339,5	45238,9	**2,22**
60	16	16	14481,6	14476,5	**0,36**
60	16	25	35373,6	35342,9	**0,87**
60	16	40	90678,9	90477,9	**2,22**
60	24	16	21722,4	21714,7	**0,36**
60	24	25	53060,4	53014,4	**0,87**
60	24	40	136018,4	135716,8	**2,22**
120	8	16	28955,5	28952,9	**0,09**
120	8	25	70701,2	70685,8	**0,22**
120	8	40	181056,3	180955,7	**0,56**
120	16	16	57911,0	57905,8	**0,09**
120	16	25	141402,3	141371,7	**0,22**
120	16	40	362112,5	361911,5	**0,56**
120	24	16	86866,5	86858,8	**0,09**
120	24	25	212103,5	212057,5	**0,22**
120	24	40	543168,8	542867,2	**0,56**
200	8	16	80427,3	80424,8	**0,03**
200	8	25	196364,9	196349,5	**0,08**
200	8	40	502755,4	502654,8	**0,20**
200	16	16	160854,7	160849,5	**0,03**
200	16	25	392729,8	392699,1	**0,08**
200	16	40	1005510,7	1005309,6	**0,20**
200	24	16	241282,0	241274,3	**0,03**
200	24	25	589094,6	589048,6	**0,08**
200	24	40	1508266,1	1507964,5	**0,20**

Nótese que la precisión está en tanto por mil, no en tanto por ciento.

Pueden encontrar más detalle y otros ejemplos en el apéndice 2.

3.3 Generalización

Ahora conocemos sistemas de partículas que tienen Simetría Mecánica y conocemos también las fórmulas para calcular su MI. Esto es útil, por ejemplo, para secciones de hormigón armado, tiene su propio valor, pero queremos ver si es posible extender el concepto a cualquier sección.

3.3.1 Paso previo

Empecemos con un caso favorable, una sección con simetría rotacional susceptible de ser descompuesta en elementos pequeños lejanos del centro, para tener un ΔI_k pequeño (véase [7]). Usamos la sección de un tubo con espesor pequeño e y radio r mucho mayor que el espesor.

Dividiendo la sección en k elementos como en la figura y usando [6]:

$$I_k = \frac{k \cdot a \cdot r^2}{2} \quad \forall k \in N : k \geq 3 \quad [6]$$

$$a = \frac{2\pi r}{k} e$$

$$I_k = \frac{k \cdot \frac{2\pi r}{k} e \cdot r^2}{2}$$

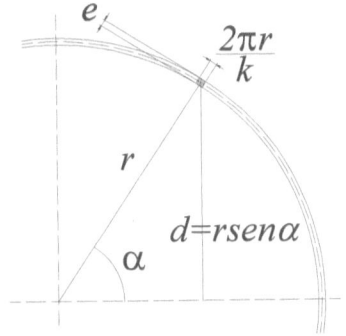

Fig. 21 MI de Tubo de Pared Delgada Fórmula MS

$$I = \pi e r^3 \qquad [T1]$$

Ecuación 18 MI de Tubo de Pared Delgada - Fórmula MS

Volviendo a la definición de MI:

$$d = \rho sen\theta$$

$$d\Omega = \rho \cdot d\theta \cdot e$$

$$I = \int_\Omega d^2 d\Omega = \int_0^{2\pi} \rho^2 sen^2\theta \cdot \rho \cdot d\theta \cdot e =$$

$$= e\rho^3 \int_0^{2\pi} sen^2\theta \, d\theta$$

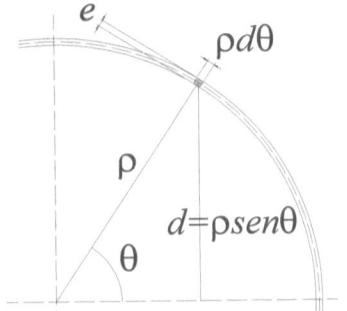

Fig. 22 MI de Tubo de Pared Delgada

$$I = \pi e \rho^3 \qquad [T2]$$

Ecuación 19 MI de Tubo de Pared Delgada

Vemos que $[T1]=[T2]$ por lo que nuestra fórmula aproximada es válida.

3.3.2 Sección Genérica

Ahora tratamos de generalizar. Para ello tomamos una sección cualquiera, con la única condición de que tenga simetría rotacional de orden k.

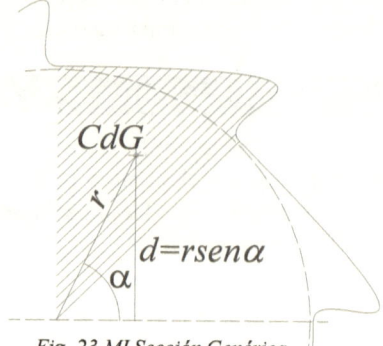

Fig. 23 MI Sección Genérica

En [1] vemos que el momento de los elementos cambia para cada α, así pues, siendo I_u e I_v sus momentos principales en el CdG:

$$I = \int_\Omega d^2 d\Omega = \sum_{n=1}^{k} \int_{\Omega_n} d^2 d\Omega = \sum_{n=1}^{k}\left(I_n + a_n d_n^2\right) = I_k$$

Siendo

$$I_n = I_u \cos^2 \alpha_n + I_v \text{sen}^2 \alpha_n \quad ; \quad \alpha_n = \tfrac{2\pi}{k} n + \alpha_0 \qquad \forall\, n \in \mathbb{N}, n \leq k$$

Obtenemos

$$I = \sum_{n=1}^{k}\left(I_n + a_n d_n^2\right) = \sum_{n=1}^{k}\left(I_u \cos^2 \alpha_n + I_v \text{sen}^2 \alpha_n + a_n d_n^2\right) =$$

$$= \sum_{n=1}^{k} I_u \cos^2 \alpha_n + \sum_{n=1}^{k} I_v \text{sen}^2 \alpha_n + \sum_{n=1}^{k} a_n d_n^2$$

I_u, I_v y $a_n = a$ son constantes $\Rightarrow$

$$\Rightarrow I = I_u \sum_{n=1}^{k} \cos^2 \alpha_n + I_v \sum_{n=1}^{k} \text{sen}^2 \alpha_n + a \sum_{n=1}^{k} d_n^2$$

Y teniendo en cuenta

$$\left. \begin{array}{l} \cos^2 \alpha + \text{sen}^2 \alpha = 1 \\ \sum_{n=1}^{k} \text{sen}^2 \alpha_n = \tfrac{k}{2} \quad \forall k \in \mathbb{N} : k \geq 3 \end{array} \right\} \Rightarrow \sum_{n=1}^{k} \cos^2 \alpha_n = \tfrac{k}{2} \quad \forall k \in \mathbb{N} : k \geq 3$$

Simetría Mecánica

Llegamos a

$$I_k = I_u \frac{k}{2} + I_v \frac{k}{2} + ar^2 \frac{k}{2}$$

Y finalmente a la fórmula para calcular en momento de cualquier sección con Simetría Mecánica.

$$I = \frac{k}{2}\left(I_u + I_v + ar^2\right) \quad \forall k \in \mathbb{N} : k \geq 3 \qquad [d]$$

Ecuación 20 MI Sección Genérica con Simetría Mecánica.

Siendo

k Número de elementos
a Área de cada elemento repetido en la simetría
r Radio de la circunferencia (del centro de simetría al cdg del elemento)
I_u, I_v Momentos Principales del elemento por el CdG

Obviamente la fórmula simplificada y la precisión son:

$$I_k = \frac{k \cdot a \cdot r^2}{2} \quad \forall k \in \mathbb{N}, k \geq 3 \qquad [a] \equiv [6] \equiv [e]$$

Ecuación 21 MI Simetría Mecánica Aproximada

$$\Delta I_k = \frac{k\left(I_u + I_v + \dfrac{a \cdot r^2}{2}\right) - \dfrac{k \cdot a \cdot r^2}{2}}{\dfrac{k \cdot a \cdot r^2}{2}} = 2\frac{I_u + I_v}{a \cdot r^2} \qquad [f]$$

Ecuación 22 MI Simetría Mecánica Precisión

3.E Ejercicios sobre Simetría Mecánica

Como ejercicio y comprobación veamos ahora si el momento I_{ky} perpendicular a $I_k = I_x = I_{kx}$ coincide con éstos. Con ello tendremos mayor certeza de que I_k es constante, tal y como la ausencia del ángulo en la fórmula indica:

$$I_{ky} = \int_\Omega d^2 d\Omega = \sum_{n=1}^{k} \int_{\Omega_n} d^2 d\Omega = \sum_{n=1}^{k}\left(I_n + a_n d_n^2\right)$$

$$I_n = I_y = I_u \operatorname{sen}^2 \alpha_n + I_v \cos^2 \alpha_n \quad ; \quad \alpha_n = \frac{2\pi}{k}n + \alpha_0 \qquad \forall n \in \mathbb{N}, n \leq k$$

$$I_{ky} = \sum_{n=1}^{k}\left(I_n + a_n d_n^2\right) = \sum_{n=1}^{k}\left(I_u \operatorname{sen}^2 \alpha_n + I_v \cos^2 \alpha_n + a_n d_n^2\right)$$

Simetría Mecánica

$$I_{ky} = I_u \frac{k}{2} + I_v \frac{k}{2} + ar^2 \frac{k}{2} \equiv I_k$$

Llegamos a la misma fórmula, verificado que el momento I_k es constante y que la elipse de inercia es un círculo, o que cualquier sistema coordenado pasando por en centro es principal, siendo I_{xy} nulo para cualquier orientación de la sección.

Para finalizar vamos a calcular las características de una sección circular con nuestras fórmulas como la composición de cuatro cuartos de círculo y compararemos con valores conocidos.

Tabla 2 Valores conocidos para el círculo

Centro de gravedad	(0,0)
Área	πr^2
Momentos	$I_{xy} = 0 \quad I_k = I_x = I_y = I_u = I_v = \dfrac{\pi r^4}{4}$
Radio de giro	$i_k = i_x = i_y = i_u = i_v = \dfrac{r}{2}$
Momento Polar	$I_P = \dfrac{\pi r^4}{2}$

Tabla 3 Valores conocidos para el cuarto de círculo

Centro de gravedad	$\left(\dfrac{4r}{3\pi}, \dfrac{4r}{3\pi}\right)$
Área	$\dfrac{\pi r^2}{4}$
Momentos	$I_{xy} = 0 \quad I_k = I_x = I_y = I_u = I_v = \dfrac{\pi r^4}{16}$
Radio de giro	$i_k = i_x = i_y = i_u = i_v = \dfrac{r}{2}$
Momento Polar	$I_P = \dfrac{\pi r^4}{8}$

Sea r_c el radio del cuarto de círculo, calculamos el radio del centro de simetría al cdg:

$$r = \sqrt{\left(\frac{4r_c}{3\pi}\right)^2 + \left(\frac{4r_c}{3\pi}\right)^2} = \frac{4r_c}{3\pi}\sqrt{2}$$

El área del cuarto de círculo y el número de elementos

$$a = \frac{\pi r_c^2}{4} \quad k = 4$$

Usando el teorema de Steiner obtenemos los momentos de inercia principales I_u e I_v por el CdG.

$$I_u = I_v = \frac{\pi r_c^4}{16} - \frac{\pi r_c^2}{4}\left(\frac{4r_c}{3\pi}\right)^2 = \frac{\pi r_c^4}{16} - \frac{4r_c^4}{9\pi} = r_c^4\left(\frac{\pi}{16} - \frac{4}{9\pi}\right)$$

Sustituyendo en [d]

$$I_k = \frac{k}{2}\left(I_u + I_v + ar^2\right) =$$

$$= \frac{4}{2}\left[r_c^4\left(\frac{\pi}{16} - \frac{4}{9\pi}\right) + r_c^4\left(\frac{\pi}{16} - \frac{4}{9\pi}\right) + \frac{\pi r_c^2}{4}\left(\frac{4r_c}{3\pi}\sqrt{2}\right)^2\right]$$

$$I_k = 2\left(\frac{\pi r_c^4}{8} - \frac{8r_c^4}{9\pi} + \frac{8r_c^4}{9\pi}\right) = \frac{\pi r_c^4}{4}$$

Exactamente lo mismo.

3.4 Definición y Teorema

Diremos que una sección tiene **Simetría Mecánica** si su momento de inercia (segundo momento del área) respecto de un eje que pasa por su centro de gravedad es constante al girar la sección alrededor de su centro de gravedad.

Es condición suficiente para que una sección tenga **Simetría Mecánica** que la sección tenga simetría rotacional de orden k, si y solo si k es un entero mayor o igual que 3.

3.5 Corolario

Si una sección está formada por elementos con **Simetría Mecánica** con el mismo centro, la sección tendrá **Simetría Mecánica** a pesar de que la sección completa no tenga simetría rotacional.

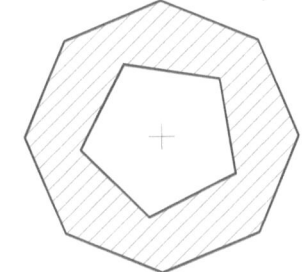

Fig. 24 Simetría Mecánica sin Simetría Rotacional

3.6 Condición necesaria y suficiente

Hemos visto que la simetría rotacional es condición suficiente para la Simetría Mecánica. Esto nos plantea la pregunta: ¿Es condición necesaria? O lo que es lo mismo: ¿El hecho de que una sección tenga **Simetría Mecánica** implica que tiene simetría rotacional? Y en caso afirmativo ¿Es necesario que el orden de esa simetría sea igual o mayor que 3?

El corolario inmediatamente precedente responde a esta pregunta. Tal como ilustra la *Fig. 24 **Simetría Mecánica** sin Simetría Rotacional* una sección puede tener **Simetría Mecánica** sin tener simetría rotacional. El perímetro exterior de la sección es un octógono y el interior es un pentágono que comparten centro de simetría, de forma que no hay simetría geométrica pero el MoI de la sección es constante puesto que es la diferencia entre el MoI del octógono y el del pentágono, que son constantes. Queda claro que una sección compuesta por varios elementos geométricos no necesita tener simetría rotacional para tener **Simetría Mecánica**.

$$I_{Total} = I_{Octógono} - I_{Pentágono} = \text{Cte}_1 - \text{Cte}_2 = \text{Constante}$$

Pero queda por responder la pregunta para secciones compuestas por un solo elemento, que podemos definir como el área encerrada por una línea.

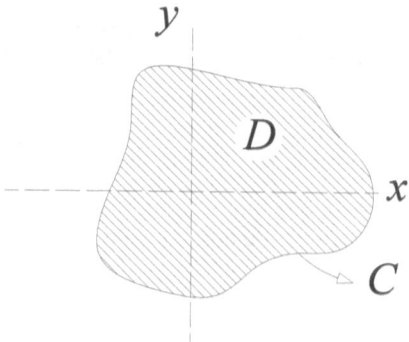

Partimos pues de dos datos, una línea que encierra un área y la constancia del MoI respecto del giro sobre el centro de gravedad.

Usaremos la condición de $I_{xy}=0$ para cualquier ángulo como expresión formal de la constancia del MoI.

$$I_{xy} = \iint_D xy\,d\Omega = \iint_D xy\,dxdy = 0$$

Para afrontar el problema utilizaremos el teorema de Green tal como se detalla en el *Ap. 4.2 Teorema de* Green.

$$I_{xy} = \iint_D xy\,d\Omega = \iint_D xy\,dxdy$$

$$\left(\frac{\partial M}{\partial x} - \frac{\partial L}{\partial y}\right) = xy \Rightarrow \begin{cases} M = 0 & L = -x\dfrac{y^2}{2} \\[6pt] M = \dfrac{x^2}{2}y & L = 0 \end{cases}$$

$$\oint_C (L\,dx + M\,dy) = \begin{cases} [G1] & \oint_C -x\dfrac{y^2}{2}dx \\[6pt] [G2] & \oint_C \dfrac{x^2}{2}y\,dy \end{cases}$$

Con lo que podemos calcular la integral extendida al área D de la sección con la integral curvilínea sobre el perímetro que la encierra C. Para ello vamos a usar coordenadas polares tomando el centro de gravedad de la sección como polo u origen del sistema de referencia.

$$\begin{cases} x = \rho\cos\theta & dx = -\rho\,\text{sen}\,\theta\,d\theta \\ y = \rho\,\text{sen}\,\theta & dy = \rho\cos\theta\,d\theta \end{cases}$$

Simetría Mecánica

Integramos primero [G1]

$$I_{xy} = \oint_C -x\frac{y^2}{2}dx = \oint_C -\rho\cos\theta \frac{\rho^2 \operatorname{sen}^2\theta}{2}(-\rho\operatorname{sen}\theta d\theta) =$$

$$= \oint_C \frac{\rho^4 \cos\theta \operatorname{sen}^3\theta}{2} d\theta = \frac{1}{4}\oint_C \rho^4 \operatorname{sen}^2\theta \operatorname{sen}2\theta\, d\theta = 0$$

$$\left.\begin{array}{l}I_{xy} = \dfrac{1}{4}\oint_C \rho^4 \operatorname{sen}2\theta\,(1-\cos^2\theta)d\theta = \\[6pt] = \dfrac{1}{4}\left[\oint_C \rho^4 \operatorname{sen}2\theta\, d\theta - \oint_C \rho^4 \operatorname{sen}2\theta \cos^2\theta d\theta\right] = 0 \\[10pt] \text{Por G2 sabemos } \oint_C \rho^4 \operatorname{sen}2\theta \cos^2\theta d\theta = 0\end{array}\right\} \Rightarrow \oint_C \rho^4 \operatorname{sen}2\theta\, d\theta = 0$$

Integramos también [G2]

$$I_{xy} = \oint_C y\frac{x^2}{2}dx = \oint_C \rho\operatorname{sen}\theta \frac{\rho^2 \cos^2\theta}{2} \rho\cos\theta d\theta =$$

$$= \oint_C \frac{\rho^4 \operatorname{sen}\theta \cos^3\theta}{2} d\theta = \frac{1}{4}\oint_C \rho^4 \cos^2\theta \operatorname{sen}2\theta\, d\theta = 0$$

$$\left.\begin{array}{l}I_{xy} = \dfrac{1}{4}\oint_C \rho^4 \operatorname{sen}2\theta\,(1-\operatorname{sen}^2\theta)d\theta = \\[6pt] = \dfrac{1}{4}\left[\oint_C \rho^4 \operatorname{sen}2\theta\, d\theta - \oint_C \rho^4 \operatorname{sen}2\theta \operatorname{sen}^2\theta d\theta\right] = 0 \\[10pt] \text{Por G1 sabemos } \oint_C \rho^4 \operatorname{sen}2\theta \operatorname{sen}^2\theta d\theta = 0\end{array}\right\} \Rightarrow \oint_C \rho^4 \operatorname{sen}2\theta\, d\theta = 0$$

Por ambos caminos concluimos que el hecho de que la sección tenga MI constante implica que cumpla para cualquier orientación de la sección la ecuación.

Simetría Mecánica

Sea θ_0 el ángulo que se gira la sección:

[g] $\qquad \oint_C \rho^4 \operatorname{sen}2\theta\, d\theta = \oint_C \rho(\theta,\theta_0)^4 \operatorname{sen}2\theta\, d\theta = 0 \quad \forall \theta_0 \in [-\pi,\pi]$

Ecuación 23 Condición Necesaria para Simetría Mecánica

Recordemos también que la formulación matemática empleada restringe el problema a una línea cerrada y convexa. Lo que desde un punto de vista físico se ajusta perfectamente al problema que abordamos. La expresión matemática de esto es:

[h] $\qquad \rho \equiv \rho(\theta,\theta_0) \begin{cases} \rho \geq 0 \\ \rho(\theta+2\pi,\theta_0) = \rho(\theta,\theta_0) \end{cases}$

Ecuación 24 Condiciones Adicionales Necesarias para Simetría Mecánica

Si analizamos [g] vemos que, por ejemplo, una función par como una elipse de parámetros *a* y *b* y eje mayor horizontal cumple la condición

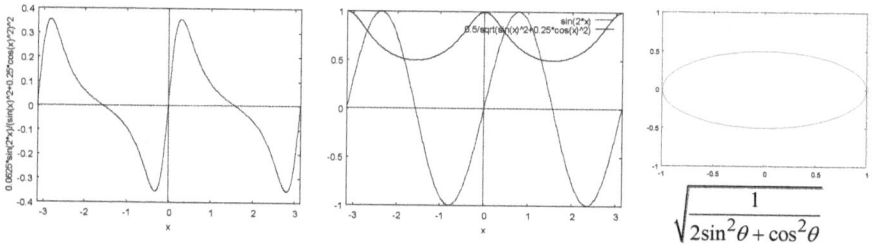

Fig. 25 Condición Necesaria para Simetría Mecánica - Función Par Origen

$$\oint_C \rho^4 \operatorname{sen}2\theta\, d\theta = \int_{-\pi}^{\pi} \left(\frac{1}{\sqrt{2\sin^2\theta + \cos^2\theta}} \right)^4 \operatorname{sen}2\theta\, d\theta = 0$$

Pero solo para la orientación en la que el origen de ángulos del sistema de referencia polar coincide con un eje de simetría de la sección. No la cumple, por ejemplo, para un giro de $\pi/3$ radianes:

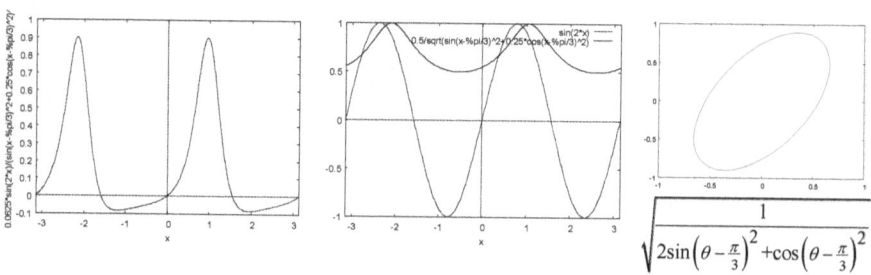

Fig. 26 Condición Necesaria para Simetría Mecánica - Función Par Girada

Simetría Mecánica

$$\rho'(\theta) = \rho(\theta - \tfrac{\pi}{3})$$

$$\int_{-\pi}^{\pi} \left(\frac{1}{2\sin\left(\theta - \tfrac{\pi}{3}\right)^2 + \cos\left(\theta - \tfrac{\pi}{3}\right)^2} \right)^4 \operatorname{sen}2\theta \, d\theta = 1.0 \neq 0$$

Del ejemplo anterior, del obvio que es el círculo *(ρ = R =constante)* y de otros vemos que el hecho de que la función *ρ* sea par o impar no es suficiente, sino que la condición necesaria para anular la integral de la ecuación [g] es que la función *ρ=ρ(θ,θ₀)* presente una periodicidad tal que su potencia a la cuarta multiplicada por el seno del doble de *θ* sea una función impar para cualquier orientación. Es decir que la clave es la dependencia de *ρ* con respecto al giro (lo que no es sorprendente). Sabemos por [h] que la periodicidad de la función debe ser múltiplo o divisor exacto de *2π* por lo que:

$$\left. \begin{array}{l} \text{de [h] } \rho(\theta,\theta_0) = \rho(\theta + 2\pi, \theta_0) \\ \text{por [g] } \rho(\theta,\theta_0) = \rho(\theta + T, \theta_0) \end{array} \right\} \Rightarrow T = \frac{2\pi}{k} \; \forall k \in \mathbb{N}$$

Según el análisis de Fourier toda función periódica con periodo *T* puede representarse como suma infinita de funciones armónicas.

$$f(\theta) = \sum_{n=1}^{\infty} A_n \cdot \operatorname{sen}\left(\frac{2\pi n \theta}{T} + \theta_n \right)$$

Ecuación 25 Serie de Fourier

Si aplicamos el análisis de Fourier al término ρ^4 de nuestra fórmula obtenemos (prescindimos de *θ₀* ahora por simplicidad en la formulación):

$$\rho^4(\theta) = \sum_{n=1}^{\infty} A_n \cdot \operatorname{sen}\left(kn\theta + \theta_n \right)$$

Y volviendo a [g]

$$\oint_C \rho^4 \operatorname{sen}2\theta \, d\theta = \int_{-\pi}^{\pi} \rho^4(\theta) \operatorname{sen}2\theta \, d\theta =$$

$$= \int_{-\pi}^{\pi} \left[\sum_{n=1}^{\infty} A_n \cdot \operatorname{sen}\left(kn\theta + \theta_n \right) \right] \operatorname{sen}2\theta \, d\theta =$$

$$= \sum_{n=1}^{\infty} \left[\int_{-\pi}^{\pi} A_n \cdot \operatorname{sen}\left(kn\theta + \theta_n \right) \operatorname{sen}2\theta \, d\theta \right] =$$

$$= \sum_{n=1}^{\infty}\left[A_n \int_{-\pi}^{\pi} \operatorname{sen}(kn\theta + \theta_n) \operatorname{sen}2\theta \, d\theta \right] =$$

$$= \sum_{n=1}^{\infty}\left[A_n \int_{-\pi}^{\pi} (\operatorname{sen} kn\theta \cos\theta_n + \cos kn\theta \operatorname{sen} \theta_n) \operatorname{sen}2\theta \, d\theta \right] =$$

$$= \sum_{n=1}^{\infty} A_n \left[\int_{-\pi}^{\pi} \operatorname{sen} kn\theta \cos\theta_n \operatorname{sen}2\theta \, d\theta + \int_{-\pi}^{\pi} \cos kn\theta \operatorname{sen} \theta_n \operatorname{sen}2\theta \, d\theta \right] = 0$$

Los valores de A_n y θ_n son constantes, desconocidas a priori y de cuyos valores no podemos presumir nada sin restar validez al modelo. Veamos como queda nuestra ecuación si agrupamos estas constantes.

$$\begin{cases} A_n \cos\theta_n = B_n \\ A_n \operatorname{sen}\theta_n = C_n \\ A_n^2 = B_n^2 + C_n^2 \end{cases}$$

$$\sum_{n=1}^{\infty}\left[B_n \int_{-\pi}^{\pi} \operatorname{sen} kn\theta \operatorname{sen}2\theta \, d\theta + C_n \int_{-\pi}^{\pi} \cos kn\theta \operatorname{sen}2\theta \, d\theta \right] = 0$$

Volvemos a introducir θ_0 en la ecuación:

[i]
$$\sum_{n=1}^{\infty}\left[B_n \int_{-\pi}^{\pi} \operatorname{sen}(kn\theta + \theta_0) \operatorname{sen}2\theta \, d\theta + C_n \int_{-\pi}^{\pi} \cos(kn\theta + \theta_0) \operatorname{sen}2\theta \, d\theta \right] = 0$$

$$\forall \theta_0 \in [-\pi, \pi]$$

Ecuación 26 Condición Necesaria para Simetría Mecánica – Fourier

Para entender lo que esta ecuación nos dice la vamos a dividir y analizar cada componente en detalle. Como ya hemos dicho B_n y C_n son constantes desconocidas a priori pero calculables a partir de la función ρ original, son los valores describen la forma de la función. Nos parece por tanto que la clave para anular el sumatorio está en las integrales:

$$\int_{-\pi}^{\pi} \operatorname{sen}(kn\theta + \theta_0) \operatorname{sen}2\theta \, d\theta \quad \text{y} \quad \int_{-\pi}^{\pi} \cos(kn\theta + \theta_0) \operatorname{sen}2\theta \, d\theta$$

Que simplificaremos con $\phi = kn$

$$Coef_1 = \int_{-\pi}^{\pi} \operatorname{sen}(\phi\theta + \theta_0) \operatorname{sen}2\theta \, d\theta$$

$$Coef_2 = \int_{-\pi}^{\pi} \cos(\phi\theta + \theta_0) \operatorname{sen}2\theta \, d\theta$$

Simetría Mecánica

Siendo

$$\int \text{sen}(\phi\theta + \theta_0)\,\text{sen}\,2\theta\,d\theta = \frac{\sin(\theta_0 + \phi\theta - 2\theta)}{2(\phi-2)} - \frac{\sin(\theta_0 + \phi\theta + 2\theta)}{2(\phi+2)}$$

$$\int \cos(\phi\theta + \theta_0)\,\text{sen}\,2\theta\,d\theta = \frac{\cos(\theta_0 + \phi\theta - 2\theta)}{2(\phi-2)} - \frac{\cos(\theta_0 + \phi\theta + 2\theta)}{2(\phi+2)}$$

Analizamos lo que ocurre para distintos valores de ϕ

ϕ	$Coef_1$	$Coef_2$
1	0	0
2	$\pi \cos\theta_0$	$-\pi \,\text{sen}\,\theta_0$
3	0	0
4	0	0

Tabla 4 Coeficientes de funciones armónicas - Fourier

Por lo que [i] se reduce a

$$\sum_{n=1}^{\infty}\left[B_n \int_{-\pi}^{\pi} \text{sen}(kn\theta + \theta_0)\,\text{sen}\,2\theta\,d\theta + C_n \int_{-\pi}^{\pi} \cos(kn\theta + \theta_0)\,\text{sen}\,2\theta\,d\theta\right] =$$

$$= 0 + \underbrace{B_n\pi\cos\theta_0 - C_n\pi\,\text{sen}\,\theta_0}_{\phi=2 \Rightarrow n=\frac{2}{k}} + 0 + 0 + 0 + \ldots = 0 \quad \forall \theta_0 \in [-\pi,\pi]$$

De lo que podemos extraer dos conclusiones, que son los dos casos que cumplen la ecuación:

1. Si $k \geq 3$ se cumple siempre la ecuación. Las secciones que cumplen esta condición son las que tienen simetría rotacional de orden 3 o mayor.
2. Si $k < 3$ debe cumplirse la siguiente condición para que la sección tenga **Simetría Mecánica**: $B_n\cos\theta_0 = C_n\,\text{sen}\,\theta_0 \quad \forall \theta_0 \in [-\pi,\pi]$

Si examinamos esta segunda condición vemos que:

$$\left.\begin{array}{l} B_n\cos\theta_0 = C_n\,\text{sen}\,\theta_0 \quad \forall \theta_0 \in [-\pi,\pi] \\ A_n\cos\theta_n = B_n \\ A_n\,\text{sen}\,\theta_n = C_n \end{array}\right\} \to A_n\cos\theta_n\cos\theta_0 = A_n\,\text{sen}\,\theta_n\,\text{sen}\,\theta_0$$

$$\left.\begin{array}{l} \tan\theta_0 = \tan\theta_n \quad \forall \theta_0 \in [-\pi,\pi] \\ \theta_n = \text{constante} \end{array}\right\} \Rightarrow \text{Imposible}$$

Quedando demostrado que la única posibilidad para que se cumpla la condición de partida es que la sección tenga simetría rotacional de orden igual o mayor que 3.

3.7 Teorema

Dada una sección delimitada por una línea cerrada continua (que llamaremos simple) con **Simetría Mecánica**, es decir con momento de inercia constante respecto del giro sobre el centro de gravedad de la sección, podemos afirmar que la sección tiene simetría rotacional de orden 3 o superior. O dicho de otra forma:

Es condición necesaria y suficiente para que una sección simple tenga **Simetría Mecánica** *que tenga simetría rotacional de orden igual o mayor que 3.*

Vamos a ver un ejemplo para ilustrar esto. Utilizaremos una función periódica con simetría rotacional de orden 1, 2, 3,4 (digamos que orden 1 significa sin simetría rotacional) definida por la función:

$$\rho(\theta,\theta_0) = \cos\left(\frac{(\theta_0+\theta-1)k}{2}\right)^2 + \cos\left((\theta_0+\theta-2)k\right)^2$$

En la tabla siguiente vemos para cada calor de k:

- El dibujo de la sección
- Gráfica con las funciones $\operatorname{sen}2x$, $\rho(\theta,\theta_0) \equiv ro1(x)$, $\rho^4(\theta,\theta_0)\sin 2x$
- La fórmula que define $\rho(\theta,\theta_0)$
- Los valores de θ_0 para los que se calcula y
- El valor calculado $\int_{-\pi}^{\pi} \rho^4(\theta,\theta_0)\sin 2x\, dx$

$k=1$

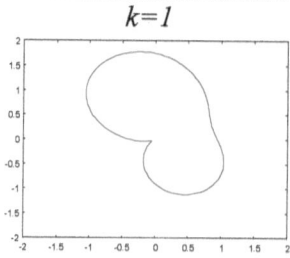

Simetría Mecánica

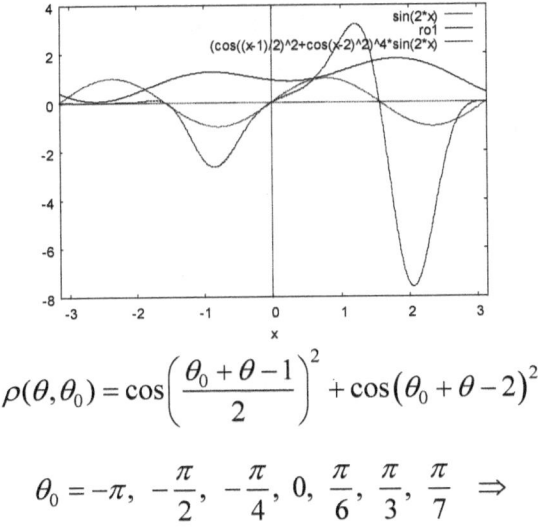

$$\rho(\theta,\theta_0) = \cos\left(\frac{\theta_0+\theta-1}{2}\right)^2 + \cos\left(\theta_0+\theta-2\right)^2$$

$$\theta_0 = -\pi,\ -\frac{\pi}{2},\ -\frac{\pi}{4},\ 0,\ \frac{\pi}{6},\ \frac{\pi}{3},\ \frac{\pi}{7}\ \Rightarrow$$

$$\int_{-\pi}^{\pi} \left(\rho(\theta,\theta_0)\right)^4 \sin 2x\, dx = -5.0,\ 5.0,\ -7.4,\ -5.0,\ 3.9,\ 8.9,\ 2.7$$

$K=2$

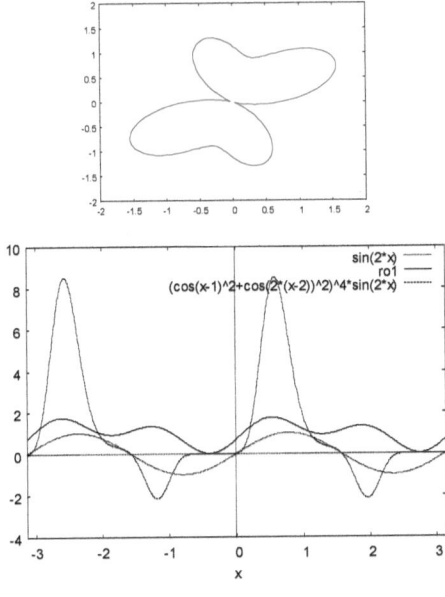

Simetría Mecánica

$$\rho(\theta,\theta_0) = \cos\left((\theta_0+\theta-1)\right)^2 + \cos\left(2(\theta_0+\theta-2)\right)^2$$

$$\theta_0 = -\pi,\ -\frac{\pi}{2},\ -\frac{\pi}{4},\ 0,\ \frac{\pi}{6},\ \frac{\pi}{3},\ \frac{\pi}{7} \Rightarrow$$

$$\int_{-\pi}^{\pi} (\rho(\theta,\theta_0))^4 \sin 2x\, dx = 7.4,\ -7.4,\ 1.0,\ 7.4,\ 2.8,\ -4.5,\ 3.8$$

K=3

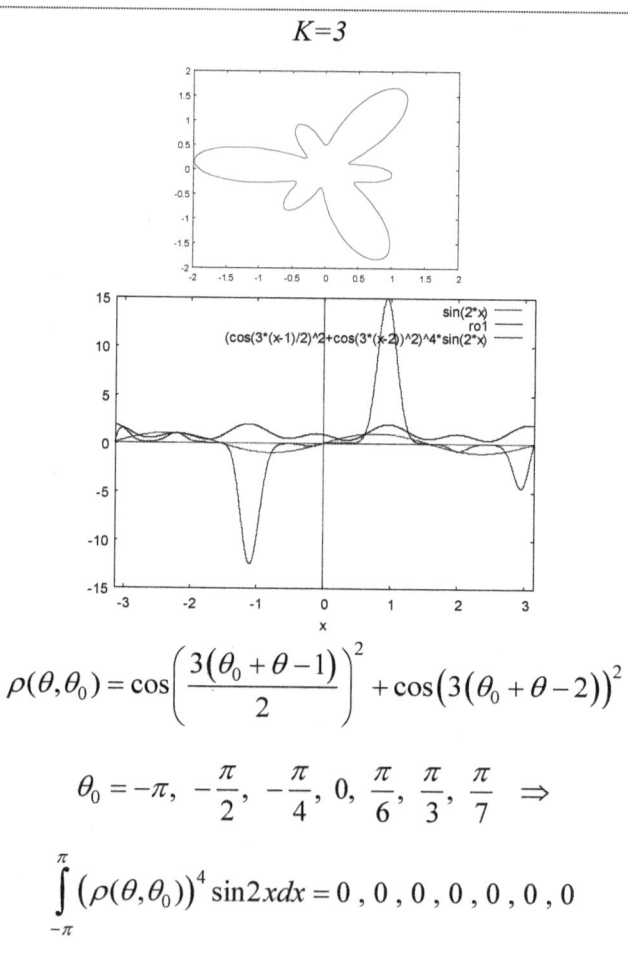

$$\rho(\theta,\theta_0) = \cos\left(\frac{3(\theta_0+\theta-1)}{2}\right)^2 + \cos\left(3(\theta_0+\theta-2)\right)^2$$

$$\theta_0 = -\pi,\ -\frac{\pi}{2},\ -\frac{\pi}{4},\ 0,\ \frac{\pi}{6},\ \frac{\pi}{3},\ \frac{\pi}{7} \Rightarrow$$

$$\int_{-\pi}^{\pi} (\rho(\theta,\theta_0))^4 \sin 2x\, dx = 0,\ 0,\ 0,\ 0,\ 0,\ 0,\ 0$$

Simetría Mecánica

$K=4$

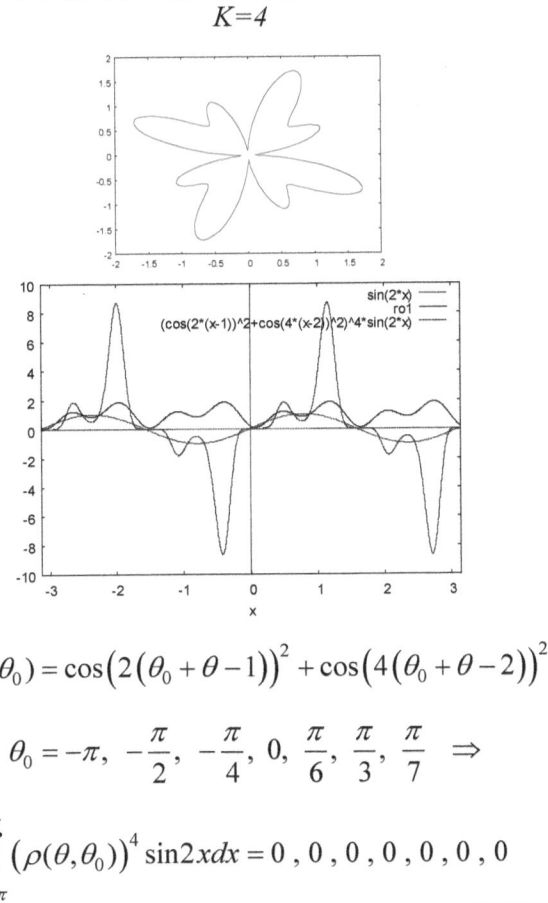

$$\rho(\theta,\theta_0) = \cos\left(2\left(\theta_0 + \theta - 1\right)\right)^2 + \cos\left(4\left(\theta_0 + \theta - 2\right)\right)^2$$

$$\theta_0 = -\pi,\ -\frac{\pi}{2},\ -\frac{\pi}{4},\ 0,\ \frac{\pi}{6},\ \frac{\pi}{3},\ \frac{\pi}{7}\ \Rightarrow$$

$$\int_{-\pi}^{\pi} \left(\rho(\theta,\theta_0)\right)^4 \sin 2x\, dx = 0,\ 0,\ 0,\ 0,\ 0,\ 0,\ 0$$

Tabla 5 Fourier - Ejemplos con Simetría Rotacional

3.8 ¿Porqué hacerlo?

Si una sección tiene Simetría Mecánica su fibra neutra será siempre una dirección principal. Esto significa que el valor de la deformación será independiente de la dirección de aplicación de la carga, o en un elemento sometido a giros la posición no afectará al valor.

Si el factor que define el diseño de un elemento es su deformación (lo que es común) el uso de secciones con **Simetría Mecánica** facilita el proceso de diseño y minimiza la incertidumbre.

Cuando se calculan elementos en vibración o vibraciones en elementos (terremotos) usar secciones con SM simplifica el trabajo igualmente.

Sin Respuestas 4

4 Sin Respuestas

Lo limitado de mi conocimiento y de mi talento no me permiten llegar más allá en estos temas, me limito a exponer lo que conozco por si puede ser útil a otros, e invito a que estos conceptos sean extendidos a espacios tridimensionales o n-dimensionales.

4.1 Incoherencia

A partir de las ecuaciones [1] y [3], concentrándonos en

$$\sum_{n=1}^{k} \cos 2\alpha_n \quad ; \quad \alpha_n = \frac{2\pi}{k} n + \alpha_0$$

Vemos lo que llamamos incoherencia. Para $k=1$ y para $k=2$ tenemos un resultado variable para la suma, mientras que para $k \geq 3$ es constante:

$$k = 1 \Rightarrow \sum_{n=1}^{1} \cos 2\alpha_n = \sum_{n=1}^{k} \cos\left(\frac{4\pi}{k} n + 2\alpha_0\right) = \cos(4\pi + 2\alpha_0) = \cos 2\alpha_0$$

$$k = 2 \Rightarrow \sum_{n=1}^{2} \cos 2\alpha_n = \sum_{n=1}^{k} \cos\left(\frac{4\pi}{k} n + 2\alpha_0\right) =$$

$$= \cos(2\pi + 2\alpha_0) + \cos 2\alpha_0 = 2\cos 2\alpha_0$$

$$k \geq 3 \Rightarrow \sum_{n=1}^{k} \cos 2\alpha_n = 0$$

Obviamente

$$\sum_{n=1}^{k} sen^2 \alpha_n = \sum_{n=1}^{k} \frac{(1 - \cos 2\alpha_n)}{2} = \frac{1}{2}\left(\sum_{n=1}^{k} 1 - \sum_{n=1}^{k} \cos 2\alpha_n\right) = \frac{k}{2} - \sum_{n=1}^{k} \cos 2\alpha_n$$

Generalizando

$$k = 1 \Rightarrow \sum_{n=1}^{1} sen^2 \alpha_n = \frac{1}{2} - \cos 2\alpha_0$$

$$k = 2 \Rightarrow \sum_{n=1}^{2} sen^2 \alpha_n = 1 - 2\cos 2\alpha_0$$

$$k \geq 3 \Rightarrow \sum_{n=1}^{k} sen^2 \alpha_n = \frac{k}{2}$$

Simetría Mecánica

$$\sum_{n=1}^{k} sen^2 \alpha_n \begin{cases} k < 3 \Rightarrow \dfrac{k}{2} - k\cos 2\alpha_0 \\ k \geq 3 \Rightarrow \dfrac{k}{2} \end{cases} \forall\, k \in \mathbb{N} \quad ; \quad \alpha_n = \dfrac{2\pi}{k} n + \alpha_0$$

Y para el coseno

$$\sum_{n=1}^{k} \cos^2 \alpha = \sum_{n=1}^{k}\left(1 - sen^2\alpha\right) = k - \sum_{n=1}^{k} sen^2 \alpha$$

Llegamos a

$$k = 1 \Rightarrow \sum_{n=1}^{1} \cos^2 \alpha_n = \frac{1}{2} + \cos 2\alpha_0$$

$$k = 2 \Rightarrow \sum_{n=1}^{2} \cos^2 \alpha_n = 1 + 2\cos 2\alpha_0$$

$$k \geq 3 \Rightarrow \sum_{n=1}^{k} \cos^2 \alpha_n = \frac{k}{2}$$

$$\sum_{n=1}^{k} \cos^2 \alpha_n \begin{cases} k < 3 \Rightarrow \dfrac{k}{2} + k\cos 2\alpha_0 \\ k \geq 3 \Rightarrow \dfrac{k}{2} \end{cases} \forall\, k \in \mathbb{N} \quad ; \quad \alpha_n = \dfrac{2\pi}{k} n + \alpha_0$$

Confirmando obviamente para cualquier k

$$\sum_{n=1}^{k} \cos^2 \alpha_n + \sum_{n=1}^{k} sen^2 \alpha_n = k$$

4.2 Sumas Incoherentes

Partiendo de lo visto hasta ahora calculamos la suma:

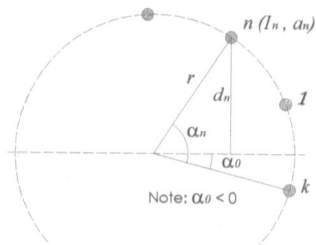

Fig. 27 Sumas Incoherentes

$$\sum_{n=1}^{k} \cos m \cdot \alpha_n$$

$$\alpha_n = \frac{2\pi}{k} n + \alpha_0 \qquad \forall\, k \in \mathbb{N}$$

Usando la notación de Euler

$$e^{\alpha i} = \cos\alpha + i\,sen\alpha$$

Tenemos:

$$\sum_{n=1}^{k}\cos m\alpha_n + i\sum_{n=1}^{k}sen\,m\alpha_n$$

$$\sum_{n=1}^{k}e^{im\alpha_n} = \sum_{n=1}^{k}e^{im\left(\frac{2\pi}{k}n+\alpha_0\right)} = \sum_{n=1}^{k}e^{im\frac{2\pi}{k}n+m\alpha_0} = \sum_{n=1}^{k}e^{im\frac{2\pi}{k}n}e^{im\alpha_0}$$

Esto es la suma de una progresión geométrica de 1 a k

$$p = e^{im\frac{2\pi}{k}} \quad ; \quad a_1 = e^{im\alpha_0}e^{im\frac{2\pi}{k}} \quad ; \quad a_k = e^{im\alpha_0}e^{im\frac{2\pi}{k}k} = e^{im\alpha_0}e^{im2\pi}$$

$$S_k = \frac{a_1 - p\cdot a_k}{1-p}$$

Remplazando

$$S_k = \frac{e^{im\alpha_0}e^{im\frac{2\pi}{k}} - e^{im\alpha_0}e^{im\frac{2\pi}{k}}\cdot e^{im2\pi}}{1-e^{im\frac{2\pi}{k}}} = \frac{\left(1-e^{im2\pi}\right)\cdot e^{im\alpha_0}e^{im\frac{2\pi}{k}}}{1-e^{im\frac{2\pi}{k}}} = \frac{0}{1-e^{im\frac{2\pi}{k}}}$$

Evaluando el denominador

$$S_k = \frac{0}{1-e^{im\frac{2\pi}{k}}}$$

Para los diferentes valores de k:

$$k = 1$$

$$e^{i\frac{2\pi}{k}} = e^{i2\pi} = \cos 2\pi + isen2\pi = 1 \Rightarrow 1 - e^{i\frac{2\pi}{k}} = 1-1 = 0 \Rightarrow S_k \neq 0$$

$$k = m$$

$$e^{im\frac{2\pi}{k}} = e^{i2\pi} = \cos 2\pi + isen2\pi = 1 \Rightarrow 1 - e^{im\frac{2\pi}{k}} = 1-1 = 0 \Rightarrow S_k \neq 0$$

$$k > m$$

$$e^{im\frac{2\pi}{k}} = e^{iA\pi}; 0 \leq A \leq 1 \Rightarrow \cos A\pi + isenA\pi \neq 0 \Rightarrow 1 - e^{im\frac{2\pi}{k}} \neq 0 \Rightarrow S_k = 0$$

Simetría Mecánica

Quedando claro que:

$$S_k = 0 \quad \forall \, k \in \mathbb{N}, k > m$$

Analizando con más detalle los valores para $k \leq m$:

$$k = 1$$

$$\sum_{n=1}^{1} \cos m\alpha_n = \sum_{n=1}^{1} \cos m(2n\pi + \alpha_0) = \cos(2m\pi + m\alpha_0) = \cos m\alpha_0$$

$$k = 2 \Rightarrow$$

$$\sum_{n=1}^{2} \cos m\alpha_n = \sum_{n=1}^{2} \cos m(n\pi + \alpha_0) = \cos(m\pi + m\alpha_0) + \cos(m2\pi + m\alpha_0) =$$
$$= 2\cos m\alpha_0$$

$$k = m \Rightarrow \sum_{n=1}^{m} \cos m\alpha_n = \sum_{n=1}^{m} \cos m\left(\frac{2n\pi}{m} + \alpha_0\right) =$$
$$= \cos(2\pi + m\alpha_0) + \cos(4\pi + m\alpha_0) + \ldots + \cos(2m\pi + m\alpha_0) = m\cos m\alpha_0$$

$$k > m \Rightarrow \sum_{n=1}^{m} \cos m\alpha_n = 0$$

Concluyendo

[k]
$$\sum_{n=1}^{k} \cos m \cdot \alpha_n \begin{cases} k \leq m \Rightarrow k\cos m\alpha_0 \\ k > m \Rightarrow 0 \end{cases} \Bigg\} \forall \, k \in \mathbb{N}$$

Siendo $\alpha_n = \dfrac{2\pi}{k} n + \alpha_0$

Aplicación 5

5. Aplicación

5.1 Polígonos Regulares

Los polígonos regulares son, posiblemente, las figuras con simetría rotacional más ampliamente conocidas y utilizadas. Vamos ahora a calcular el MI de los polígonos regulares. Lo haremos utilizando las fórmulas de la Simetría Mecánica.

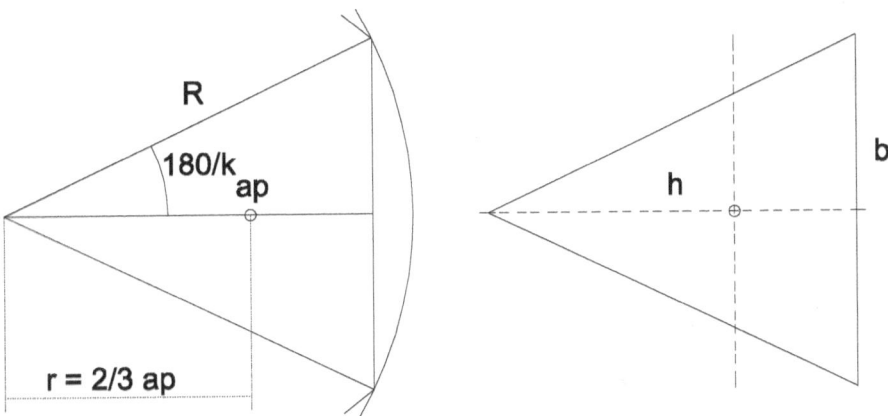

Fig. 28 Polígonos Regulares

Sean:

R El radio del círculo circunscrito

$ap=h$ El apotema del polígono

r El radio al centro de gravedad del triángulo de base L y altura ap

$L=b$ El lado del polígono

La fórmula exacta para el MI es:

[d] $$I_k = \frac{k}{2}\left(I_u + I_v + ar^2\right) \quad \forall k \in \mathbb{N} : k \geq 3$$

(En este caso podríamos obviar la condición $k \geq 3$)

Los valores de los términos de la fórmula son:

$$I_u = \frac{bh^3}{36} \ ; \ I_v = \frac{b^3h}{48} \ ; \ h = ap = R\cos\frac{\pi}{k} \ ; \ b = 2ap\tan\frac{\pi}{k} = 2R\sin\frac{\pi}{k}$$

Calcularemos primero $I_u + I_v$ en función de R y k

$$I_u + I_v = \frac{bh^3}{36} + \frac{b^3h}{48} = \frac{2R\sin\frac{\pi}{k}R^3\left(\cos\frac{\pi}{k}\right)^3}{36} + \frac{8R^3\left(\sin\frac{\pi}{k}\right)^3 R\cos\frac{\pi}{k}}{48} =$$

$$= \frac{R^4}{18}\left(\sin\frac{\pi}{k}\left(\cos\frac{\pi}{k}\right)^3 + 3\left(\sin\frac{\pi}{k}\right)^3\cos\frac{\pi}{k}\right) =$$

[l] $\quad \dfrac{R^4\sin\frac{2\pi}{k}}{36}\left(\left(\cos\frac{\pi}{k}\right)^2 + 3\left(\sin\frac{\pi}{k}\right)^2\right) = \dfrac{R^4\sin\frac{2\pi}{k}}{36}\left(1 + 2\left(\sin\frac{\pi}{k}\right)^2\right) =$

[m] $\quad = \dfrac{R^4\sin\frac{2\pi}{k}}{36}\left(1 + 1 - \cos\frac{2\pi}{k}\right) = \dfrac{R^4\sin\frac{2\pi}{k}}{36}\left(2 - \cos\frac{2\pi}{k}\right)$

Ahora el área

[n] $\quad a = \dfrac{bh}{2} = \dfrac{\left(R\cos\frac{\pi}{k}\right)\left(2R sen\frac{\pi}{k}\right)}{2} = R^2\cos\frac{\pi}{k} sen\frac{\pi}{k} = \dfrac{R^2\sin\frac{2\pi}{k}}{2}$

Y la distancia al cdg

$$r = \frac{2}{3}ap = \frac{2}{3}R\cos\frac{\pi}{k}$$

[o] $\quad r^2 = \dfrac{4}{9}ap^2 = \dfrac{4}{9}R^2\left(\cos\frac{\pi}{k}\right)^2 = \dfrac{2}{9}R^2\left(1 - \cos\frac{2\pi}{k}\right)^2$

Sustituyendo [l],[m],[n] y [o]

$$I_k = \frac{k}{2}\left[\frac{R^4\sin\frac{2\pi}{k}}{36}\left(2 - \cos\frac{2\pi}{k}\right) + \frac{R^2\sin\frac{2\pi}{k}}{2}\frac{2}{9}R^2\left(1 - \cos\frac{2\pi}{k}\right)^2\right] =$$

$$= \frac{k}{2}\left[\frac{R^4\sin\frac{2\pi}{k}}{36}\left(1 + 2sen^2\frac{\pi}{k}\right) + \frac{2R^4\sin\frac{2\pi}{k}}{9}\cos^2\frac{\pi}{k}\right]$$

$$I_k = \frac{kR^4\sin\frac{2\pi}{k}}{2}\left(\frac{1 + 2sin^2\frac{\pi}{k}}{36} + \frac{8\cos^2\frac{\pi}{k}}{36}\right) =$$

$$= \frac{kR^4\sin\frac{2\pi}{k}}{72}\left(1 + 2sen^2\frac{\pi}{k} + 8\cos^2\frac{\pi}{k}\right)$$

[p] $$I_k = \frac{kR^4 \sin\frac{2\pi}{k}}{24}\left(1+2\cos^2\frac{\pi}{k}\right) = \frac{kR^4 \sin\frac{2\pi}{k}}{24}\left(2+\cos\frac{2\pi}{k}\right)$$

Para cada radio calculamos el valor de k que hace máximo el MI por peso con:

$$MaxMoI(k) = \frac{I_k}{ka} = \frac{R^2}{12}\left(2+\cos\frac{2\pi}{k}\right)$$

Tomando la expresión como función continua de variable real en k y resolviendo la derivada vemos que no existen raíces reales.

$$\frac{dMaxMoI(k)}{dk} = \frac{d}{dk}\left(\frac{R^2}{12}\left(2+\cos\frac{2\pi}{k}\right)\right) = \pi\frac{R^2}{6k^2}\sin\frac{2\pi}{k} = 0$$

Por tanto es en el valor límite infinito donde está el máximo, o lo que es lo mismo un círculo.

Ahora calculamos el valor del MI con la fórmula simplificada

$$I_{kaprox} = \frac{k}{2}\left(\frac{R^2 k \sin\frac{2\pi}{k}}{2}\left(\frac{2}{3}R\cos\frac{\pi}{k}\right)^2\right) = \frac{R^4 k \sin\frac{2\pi}{k}\cos^2\frac{\pi}{k}}{9}$$

Con una precisión

$$\Delta I_k = \frac{I_u + I_v}{ar^2} = \frac{\frac{R^4 \sin\frac{2\pi}{k}}{36}\left(2-\cos\frac{2\pi}{k}\right)}{\frac{R^4 \sin\frac{2\pi}{k}}{36}4\left(1-\cos\frac{2\pi}{k}\right)^2} = \frac{2-\cos\frac{2\pi}{k}}{4\left(1-\cos\frac{\pi}{k}\right)^2} =$$

$$\Delta I_k = \frac{2-\cos\frac{2\pi}{k}}{4\cos\frac{2\pi}{k}+4} \qquad [q]$$

Estas expresiones no son nada amigables. Veamos si usando otros parámetros sus expresiones son más sencillas

Examinemos primero $I_u + I_v$

$$I_u = \frac{bh^3}{36} \;;\; I_v = \frac{b^3 h}{48} \quad \Rightarrow \quad Iu + Iv = \frac{bh^3}{36} + \frac{b^3 h}{48}$$

Calculemos ahora el área y la distancia al CdG

$$a = \frac{bh}{2} \;;\; r = \frac{2}{3}h$$

Sustituyendo

$$I_k = \frac{k}{2}\left(\frac{bh^3}{4} + \frac{b^3h}{48} + \frac{bh}{2}\left(\frac{2}{3}h\right)^2\right) = \frac{k}{96}\left(12bh^3 + b^3h\right) \qquad [r]$$

Ahora calculamos el valor del MI con la fórmula simplificada y su precisión

$$I_k = \frac{k}{2}\left(\frac{bh}{2}\left(\frac{2}{3}h\right)^2\right) = \frac{kbh^3}{9}$$

$$\Delta I_k = \frac{\frac{(12bh^3 + b^3h)k}{96} - \frac{kbh^3}{9}}{\frac{kbh^3}{9}} = \frac{\frac{(12h^3 + b^2h)}{96} - \frac{h^3}{9}}{\frac{h^3}{9}} = \frac{4h^2 + 3b^2}{32h^2} = \frac{1}{8} + \frac{3b^2}{32h^2}$$

Lo que nos dice que la fórmula simplificada tendrá como mínimo un error del 12'5%. Es decir, que no es apropiada, lógico pues la distancia al centro de simetría y el área (ar^2) no predominan sobre la inercia.

Sustituyendo en [r] los valores de b y h en función del radio R, del apotema del polígono ap, del lado del polígono L, y el número de lados k obtenemos:

$$h = R\cos\tfrac{\pi}{k} \quad ; \quad b = 2R\sin\tfrac{\pi}{k}$$

[p] $$I_k = \frac{kR^4 \sin\tfrac{2\pi}{k}}{24}\left(3 - 2\sin^2\tfrac{\pi}{k}\right) = \frac{kR^4 \sin\tfrac{2\pi}{k}}{24}\left(2 + \cos\tfrac{2\pi}{k}\right)$$

Ecuación 27 MI de Polígono Regular en función del radio R y el número de lados k

$$h = ap \quad ; \quad b = 2h \cdot \tan\tfrac{\pi}{k}$$

[s] $$I_k = \frac{k \cdot ap^4 \tan\tfrac{\pi}{k}}{12}\left[3 + \tan^2\tfrac{\pi}{k}\right]$$

Ecuación 28 MI de Polígono Regular en función del apotema ap y el número de lados k

$$h = \frac{b}{2\tan\tfrac{\pi}{k}} \quad ; \quad b = L$$

[t] $$I_k = \frac{k \cdot L^4}{192}\left(\frac{1}{\tan\tfrac{\pi}{k}} + \frac{3}{\tan^3\tfrac{\pi}{k}}\right) = \frac{k \cdot L^4}{192}\left(\cot\tfrac{\pi}{k} + 3\cot^3\tfrac{\pi}{k}\right)$$

Ecuación 29 MI de Polígono Regular en función del Lado L y el número de lados k

También podemos operar de forma que la inercia sea función del área del polígono A:

Simetría Mecánica

[u] $$I_k = \frac{k \cdot A}{4}\left(h^2 + \frac{b^2}{12}\right)$$

[v] $$I_k = \frac{k \cdot A \cdot R^2}{12}\left(2 + \cos\tfrac{2\pi}{k}\right)$$

[w] $$I_k = \frac{k \cdot A \cdot ap^2}{12}\left(3 + \tan^2\tfrac{\pi}{k}\right)$$

[x] $$I_k = \frac{k \cdot A \cdot L^2}{48}\left(1 + 3\cot^2\tfrac{\pi}{k}\right)$$

Ecuación 30 Momentos de Inercia de Polígono Regular en función del Área

Se verifica que para *k* suficientemente grande la fórmula coincide con la del MI del círculo:

$$\lim_{k\to\infty} I_k = \lim_{k\to\infty} \frac{kAR^2}{12}\left(2+\cos\tfrac{2\pi}{k}\right) = \frac{R^4}{12}\lim_{k\to\infty}\left[k\cos\tfrac{\pi}{k}\sin\tfrac{\pi}{k}\left(2+\cos\tfrac{2\pi}{k}\right)\right] = \frac{\pi R^4}{4}$$

Ahora conocemos el MI de un polígono regular y su expresión en función de los parámetros posibles. También sabemos que el polígono regular que optimiza el uso de una sección resistente (maximiza el MI con respecto al área) es el círculo.

5.2 Círculos y computadores

Vamos a intentar darle un uso práctico a todo esto. Para ello vamos a buscar una solución óptima a la forma de discretizar una sección circular para su uso en cálculos mecánicos.

Cuando se discretiza o modeliza un fenómeno no siempre es posible obtener resultados exactos para todas la magnitudes físicas del modelo.

En nuestro caso vamos a buscar un modelo para un elemento con sección circular utilizando un polígono regular. Vemos en el círculo 3 de la *Fig. 29 Círculos y computadoras - Discretización* que dependiendo de si se elige el polígono inscrito o circunscrito al círculo el radio (r o R) y el lado (c o C) son diferentes. Si tomamos el polígono inscrito en el círculo "dato" las tensiones en los vértices del polígono serán las mismas que en los puntos correspondientes del círculo, pero su deformación por flexión o por axil serán diferentes.

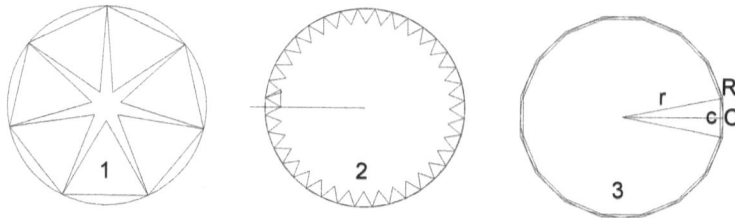

Fig. 29 Círculos y computadoras - Discretización

Las tres magnitudes de importancia implicadas y las tres propiedades de la sección relacionadas con ellas son:

1. Deformación por axil → Área.

$$\sigma = \frac{N}{\Omega}; \delta = L\varepsilon; \sigma = E\varepsilon \Rightarrow \delta = L\frac{N}{E\Omega} \to \Omega$$

2. Deformación por flexión → MI.

$$\delta = \delta(M, E, I) \to I$$

3. Máxima tensión por flexión → Módulo W. Que se define (siendo y la máxima distancia a la fibra neutra en la sección).

$$\sigma = \frac{M}{I}y \; ; \; W = \frac{I}{y} \to W$$

No se ha citado la tensión por axil ya que la condición 1 la incluye. Las tensiones y deformaciones por cortante no se incluyen por no depender solamente del MI.

Conocemos los valores exactos para la sección circular y las fórmulas exactas para la sección del polígono regular. Con estos datos queremos determinar los valores de k y de R que hacen que se cumplan simultáneamente varias de las condiciones.

Si se cumplen las condiciones 1 y 2:

Siendo R_c es el radio del círculo "dato".

$$kR^2 \cos\tfrac{\pi}{k} \sin\tfrac{\pi}{k} = \pi R_c^2$$

Ecuación 31 Círculos y computadoras - Condición 1 Igual Área

$$\frac{kR^4 \sin\tfrac{2\pi}{k}}{24}\left(2 + \cos\tfrac{2\pi}{k}\right) = \frac{\pi R_c^4}{4}$$

Ecuación 32 Círculos y computadoras – Condición 2 Igual MI

Resolviendo este sistema de ecuaciones

$$R^2 = \frac{\pi R_c^2}{k\cos\tfrac{\pi}{k}\sin\tfrac{\pi}{k}} \rightarrow \frac{k\left(\frac{\pi R_c^2}{k\cos\tfrac{\pi}{k}\sin\tfrac{\pi}{k}}\right)^2 \sin\tfrac{2\pi}{k}}{24}\left(2+\cos\tfrac{\pi}{k}\right) = \frac{\pi R_c^4}{4}$$

$$\frac{4\pi R_c^4}{24k\sin\tfrac{2\pi}{k}}\left(2+\cos\tfrac{2\pi}{k}\right) = \frac{\pi R_c^4}{4}$$

$$\frac{2}{3k\sin\tfrac{2\pi}{k}}\left(2+\cos\tfrac{2\pi}{k}\right) = 1$$

Lo que nos dice que no hay solución para este sistema. Es decir que el radio para el que el área del polígono es igual al área del círculo es diferente al que hace que el MI sea igual al del círculo.

Si se cumplen las condiciones 2 y 3:

$$\frac{kR^4 \sin\tfrac{2\pi}{k}}{24}\left(2 + \cos\tfrac{2\pi}{k}\right) = \frac{\pi R_c^4}{4}$$

Ecuación 32 Círculos y computadoras – Condición 2 Igual MI

$$\frac{\frac{kR^4 \sin\tfrac{2\pi}{k}}{24}\left(2 + \cos\tfrac{2\pi}{k}\right)}{R} = \frac{\frac{\pi R_c^4}{4}}{R_c}$$

Ecuación 33 Círculos y computadoras – Condición 2 Igual Módulo W

Resolviendo este sistema de ecuaciones

$$R_c = R \cdot \sqrt[4]{\frac{k\left(2+\cos\frac{2\pi}{k}\right)\sin\frac{2\pi}{k}}{6\pi}}$$

$$\frac{\left(\cos\frac{2\pi}{k}+2\right)\sin\frac{2\pi}{k}kR^3}{6} = R^{3^4} \cdot \sqrt[4]{\frac{\pi k^3\left(2+\cos\frac{2\pi}{k}\right)^3\sin^3\frac{2\pi}{k}}{216}}$$

Llegando de nuevo a un sistema cuya solución no es utilizable.

Visto lo anterior podemos concluir que no podemos obtener valores de R y k que hagan exacta la solución para más de una condición.

Como solución simple, pero no mala, podemos tomar el valor medio de los tres (teniendo en cuenta su proximidad para valores grades de k) con lo que el error será similar para los resultados obtenidos en deformaciones y tensiones por axil, deformación por flexión y tensión por flexión.

$$R_1 = \sqrt{\frac{\pi R_c^2}{k\cos\frac{\pi}{k}\sin\frac{\pi}{k}}} = R_c\sqrt{\frac{\pi}{k\cos\frac{\pi}{k}\sin\frac{\pi}{k}}}$$

$$R_2 = \sqrt[4]{\frac{\frac{\pi R_c^4}{4}}{\frac{k\sin\frac{2\pi}{k}}{24}\left(2+\cos\frac{2\pi}{k}\right)}} = R_c\sqrt[4]{\frac{6\pi}{k\sin\frac{2\pi}{k}\left(2+\cos\frac{2\pi}{k}\right)}}$$

$$R_3 = \sqrt[3]{\frac{\frac{\pi R_c^3}{4}}{\frac{k\sin\frac{2\pi}{k}}{24}\left(2+\cos\frac{2\pi}{k}\right)}} = R_c\sqrt[3]{\frac{6\pi}{k\sin\frac{2\pi}{k}\left(2+\cos\frac{2\pi}{k}\right)}}$$

$$R_p = \frac{R_1 + R_2 + R_3}{3}$$

Siendo:
R_i radios para cada condición
R_p radio propuesto

Veamos ahora el desarrollo detallado de esta propuesta (utilizando la aplicación *Maxima*).

```
(%i1) assume(k≥ 3);
```
(%o1)$[k > 2]$

---

1. Condiciones 1 y 2

Condición 1 - igual área
```
(%i2) aux:(%pi*Rc^2)/(k*cos(%pi/k)*sin(%pi/k));
```

(%o2) $\dfrac{\pi Rc^2}{\cos\left(\frac{\pi}{k}\right)\sin\left(\frac{\pi}{k}\right)k}$

Condición 2 - igual MI
```
(%i3) poli:k*aux^2*sin(2*%pi/k)/24*(2+cos(2*%pi/k));
```

(%o3) $\dfrac{\pi^2\left(\cos\left(\frac{2\pi}{k}\right)+2\right)\sin\left(\frac{2\pi}{k}\right)Rc^4}{24\cos\left(\frac{\pi}{k}\right)^2\sin\left(\frac{\pi}{k}\right)^2 k}$

```
(%i4) circul:%pi*Rc^4/4;
```

(%o4) $\dfrac{\pi Rc^4}{4}$

```
(%i5) poli=circul;
```

(%o5) $\dfrac{\pi^2\left(\cos\left(\frac{2\pi}{k}\right)+2\right)\sin\left(\frac{2\pi}{k}\right)Rc^4}{24\cos\left(\frac{\pi}{k}\right)^2\sin\left(\frac{\pi}{k}\right)^2 k} = \dfrac{\pi Rc^4}{4}$

```
(%i6) res:solve([%], [k]);
```

(%o6)$[k = \dfrac{\left(\pi\cos\left(\frac{2\pi}{k}\right)+2\pi\right)\sin\left(\frac{2\pi}{k}\right)}{6\cos\left(\frac{\pi}{k}\right)^2\sin\left(\frac{\pi}{k}\right)^2}]$

0 < (k/k) < 1
```
(%i7) k/(rhs(res[1]));
```

(%o7) $\dfrac{6\cos\left(\frac{\pi}{k}\right)^2\sin\left(\frac{\pi}{k}\right)^2 k}{\left(\pi\cos\left(\frac{2\pi}{k}\right)+2\pi\right)\sin\left(\frac{2\pi}{k}\right)}$

```
(%i8) eq:trigrat(%);
```

(%o8) $\dfrac{3\sin\left(\frac{2\pi}{k}\right)k}{2\pi\cos\left(\frac{2\pi}{k}\right)+4\pi}$

(%i9) wxplot2d([eq,1], [k,2.1,50])$

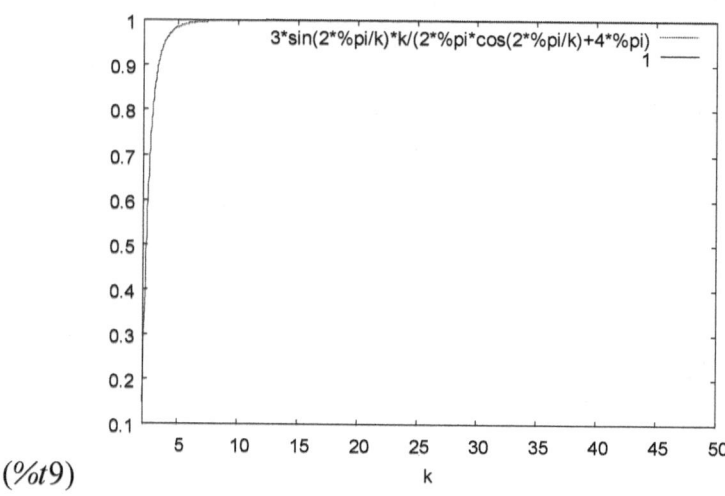

(%t9)

Fig. 30 Círculos y computadoras - Condiciones 1 y 2

(%i10) wxplot2d([eq,1], [k,2.1,4])$

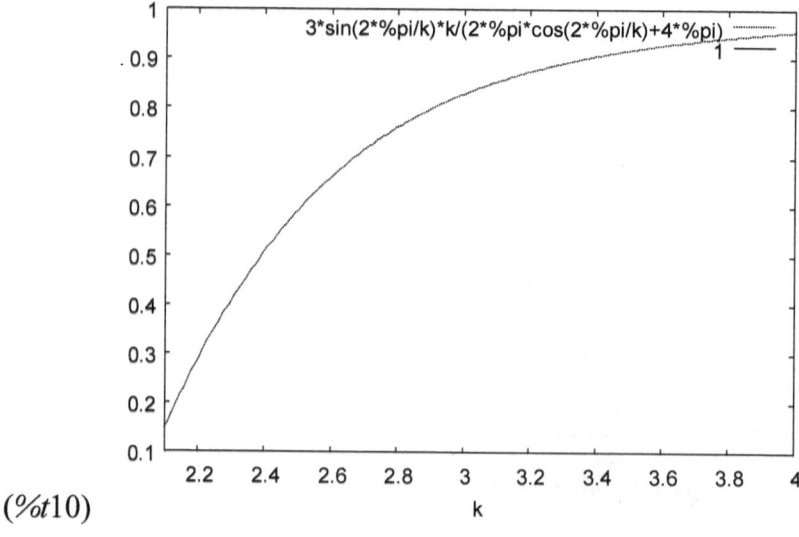

(%t10)

Fig. 31 Círculos y computadoras - Condiciones 1 y 2 (Detalle)

2. Condiciones 2 y 3

Condición 2 - igual MI

(%i11) poli:k*R^4*sin(2*%pi/k)/24*(2+cos(2*%pi/k));

$$(\%o11)\frac{\left(\cos\left(\frac{2\pi}{k}\right)+2\right)\sin\left(\frac{2\pi}{k}\right)k\,R^4}{24}$$

(%i12) circul:%pi*Rc^4/4;

$$(\%o12)\frac{\pi\,Rc^4}{4}$$

(%i13) eq1:poli=circul;

$$(\%o13)\frac{\left(\cos\left(\frac{2\pi}{k}\right)+2\right)\sin\left(\frac{2\pi}{k}\right)k\,R^4}{24}=\frac{\pi\,Rc^4}{4}$$

(%i14) res1:solve([%], [Rc]);

$$(\%o14)\left[\begin{array}{l} Rc=\dfrac{i\left(\cos\left(\frac{2\pi}{k}\right)+2\right)^{\frac{1}{4}}\sin\left(\frac{2\pi}{k}\right)^{\frac{1}{4}}k^{\frac{1}{4}}R^{\frac{1}{4}}}{6}\pi^{\frac{1}{4}}, \\[1em] Rc=-\dfrac{\left(\cos(frac2\pi k)+2\right)^{\frac{1}{4}}\sin\left(\frac{2\pi}{k}\right)^{\frac{1}{4}}k^{\frac{1}{4}}R^{\frac{1}{4}}}{6}\pi^{\frac{1}{4}}, \\[1em] Rc=-\dfrac{i\left(\cos\left(\frac{2\pi}{k}\right)+2\right)^{frac14}\sin\left(\frac{2\pi}{k}\right)^{\frac{1}{4}}k^{\frac{1}{4}}R^{\frac{1}{4}}}{6}\pi^{\frac{1}{4}}, \\[1em] Rc=\dfrac{\left(\cos\left(\frac{2\pi}{k}\right)+2\right)^{\frac{1}{4}}\sin\left(\frac{2\pi}{k}\right)^{\frac{1}{4}}k^{\frac{1}{4}}R^{\frac{1}{4}}}{6}\pi^{\frac{1}{4}} \end{array}\right]$$

(%i15) Rc:rhs(res1[4]);

$$(\%o15)\frac{\left(\cos\left(\frac{2\pi}{k}\right)+2\right)^{\frac{1}{4}}\sin\left(\frac{2\pi}{k}\right)^{\frac{1}{4}}k^{\frac{1}{4}}R^{\frac{1}{4}}}{6}\pi^{\frac{1}{4}}$$

Condición 3 - igual tensión máxima

(%i16) poli/R=circul/Rc;

$$(\%o16) \frac{\left(\cos\left(\frac{2\pi}{k}\right)+2\right)\sin\left(\frac{2\pi}{k}\right)k\,R^3}{24} = \frac{6^{\frac{1}{4}}\pi^{\frac{5}{4}} Rc^4}{4\left(\cos\left(\frac{2\pi}{k}\right)+2\right)^{\frac{1}{4}}\sin\left(\frac{2\pi}{k}\right)^{\frac{1}{4}} k^{\frac{1}{4}} R}$$

(%i17) eq2:ev(%, nouns);

$$(\%o17) \frac{\left(\cos\left(\frac{2\pi}{k}\right)+2\right)\sin\left(\frac{2\pi}{k}\right)k R^3}{24} = \frac{\pi^{\frac{1}{4}}\left(\cos\left(\frac{2\pi}{k}\right)+2\right)^{\frac{3}{4}}\sin\left(\frac{2\pi}{k}\right)^{\frac{3}{4}} k^{\frac{3}{4}} R^3}{46^{\frac{3}{4}}}$$

(%i18) R:1;

(%o18) 1

(%i19) res2:solve([eq2], [k]);

$$(\%o19)[k = \frac{6\pi^{\frac{1}{4}}\left(\cos\left(\frac{2\pi}{k}\right)+2\right)^{\frac{3}{4}} k^{\frac{3}{4}}}{\left(6^{\frac{3}{4}}\cos\left(\frac{2\pi}{k}\right)+2\cdot 6^{\frac{3}{4}}\right)\sin\left(rac2\,\pi k\right)^{\frac{1}{4}}}]$$

0 < (k/k) < 1
(%i20) eq:k/rhs(res2[1]);

$$(\%o20) \frac{\left(6^{\frac{3}{4}}\cos\left(\frac{2\pi}{k}\right)+2\cdot 6^{\frac{3}{4}}\right)\sin\left(\frac{2\pi}{k}\right)^{\frac{1}{4}} k^{\frac{1}{4}}}{6\pi^{\frac{1}{4}}\left(\cos\left(\frac{2\pi}{k}\right)+2\right)^{\frac{3}{4}}}$$

(%i21) wxplot2d([eq,1], [k,2.1,25])\$

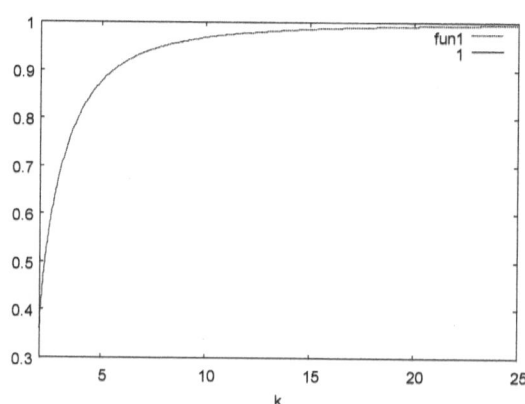

Fig. 32 *Círculos y computadoras - Condiciones 2 y 3*

(%t21)

(%i22) wxplot2d([eq,1], [k,5000,50000])$

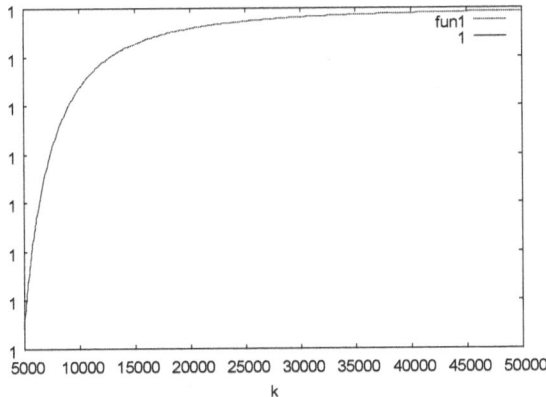

Fig. 33 Círculos y computadoras - Condiciones 2 y 3 (Detalle)

(%t22)

---

3. Radio Propuesto

(%i23) kill(all);

(%o0)*done*

Condición 1 - igual área
(%i1) eq1:k*R1^2*cos(%pi/k)*sin(%pi/k)=%pi*Rc^2;

$$(\%o1)\cos\left(\frac{\pi}{k}\right)\sin\left(\frac{\pi}{k}\right)k\,R1^2 = \pi\,Rc^2$$

(%i2) solve(%,R1);

$$(\%o2)\left[\begin{array}{l} R1 = -\sqrt{\pi}\sqrt{\dfrac{1}{\cos\left(\frac{\pi}{k}\right)\sin\left(\frac{\pi}{k}\right)k}}\,Rc, \\ R1 = \sqrt{\pi}\sqrt{\dfrac{1}{\cos\left(\frac{\pi}{k}\right)\sin\left(\frac{\pi}{k}\right)k}}\,Rc \end{array}\right]$$

(%i3) R1:rhs(%[2]);

$$(\%o3)\sqrt{\pi}\sqrt{\dfrac{1}{\cos\left(\frac{\pi}{k}\right)\sin\left(\frac{\pi}{k}\right)k}}\,Rc$$

Condición 2 - igual MI
```
(%i4)  poli:k*R^4*sin(2*%pi/k)/24*(2+cos(2*%pi/k));
```

$$(\%o4) \frac{\left(\cos\left(\frac{2\pi}{k}\right)+2\right)\sin\left(\frac{2\pi}{k}\right)k\,R^4}{24}$$

```
(%i5)  circul:%pi*Rc^4/4;
```

$$(\%o5) \frac{\pi\,Rc^4}{4}$$

```
(%i6)  eq2:poli=circul;
```

$$(\%o6) \frac{\left(\cos\left(\frac{2\pi}{k}\right)+2\right)\sin\left(\frac{2\pi}{k}\right)k\,R^4}{24} = \frac{\pi\,Rc^4}{4}$$

```
(%i7)  solve([eq2], [R]);
```

$$(\%o7) \left[R = \frac{6^{\frac{1}{4}}\pi^{\frac{1}{4}}i\left(\frac{1}{\sin\left(\frac{2\pi}{k}\right)k}\right)^{\frac{1}{4}}Rc}{\left(\cos\left(\frac{2\pi}{k}\right)+2\right)^{\frac{1}{4}}}, R = -\frac{6^{\frac{1}{4}}\pi^{\frac{1}{4}}\left(\frac{1}{\sin\left(\frac{2\pi}{k}\right)k}\right)^{\frac{1}{4}}Rc}{\left(\cos\left(\frac{2\pi}{k}\right)+2\right)^{\frac{1}{4}}}, \right.$$
$$\left. R = -\frac{6^{\frac{1}{4}}\pi^{\frac{1}{4}}i\left(\frac{1}{\sin\left(\frac{2\pi}{k}\right)k}\right)^{\frac{1}{4}}Rc}{\left(\cos\left(\frac{2\pi}{k}\right)+2\right)^{\frac{1}{4}}}, R = \frac{6^{\frac{1}{4}}\pi^{\frac{1}{4}}\left(\frac{1}{\sin\left(\frac{2\pi}{k}\right)k}\right)^{\frac{1}{4}}Rc}{\left(\cos\left(\frac{2\pi}{k}\right)+2\right)^{\frac{1}{4}}} \right]$$

```
(%i8)  R2:rhs(%[4]);
```

$$(\%o8) \frac{6^{\frac{1}{4}}\pi^{\frac{1}{4}}\left(\frac{1}{\sin\left(\frac{2\pi}{k}\right)k}\right)^{\frac{1}{4}}Rc}{\left(\cos\left(\frac{2\pi}{k}\right)+2\right)^{\frac{1}{4}}}$$

Condición 3 - igual tensión máxima
```
(%i9)  poli/R=circul/Rc;
```

$$(\%o9) \frac{\left(\cos\left(\frac{2\pi}{k}\right)+2\right)\sin\left(\frac{2\pi}{k}\right)k\,R^3}{24} = \frac{\pi\,Rc^3}{4}$$

```
(%i10)  eq3:ev(%, nouns);
```

$$(\%o10) \frac{\left(\cos\left(\frac{2\pi}{k}\right)+2\right)\sin\left(\frac{2\pi}{k}\right) k R^3}{24} = \frac{\pi Rc^3}{4}$$

(%i11) solve([eq3], [R]);

$$(\%o11) \begin{bmatrix} R = \dfrac{\left(\sqrt{3}\, 6^{\frac{1}{3}} \pi^{\frac{1}{3}} i - 6^{\frac{1}{3}} \pi^{\frac{1}{3}}\right) Rc}{2\left(\cos\left(\frac{2\pi}{k}\right)+2\right)^{\frac{1}{3}} \sin\left(\frac{2\pi}{k}\right)^{ac13} k^{\frac{1}{3}}}, \\[2ex] R = -\dfrac{\left(\sqrt{3}\, 6^{\frac{1}{3}} \pi^{\frac{1}{3}} i + 6^{\frac{1}{3}} \pi^{\frac{1}{3}}\right) Rc}{2\left(\cos\left(\frac{2\pi}{k}\right)+2\right)^{\frac{1}{3}} \sin\left(frac2\pi k\right)^{\frac{1}{3}} k^{\frac{1}{3}}}, \\[2ex] R = \dfrac{6^{\frac{1}{3}} \pi^{\frac{1}{3}} Rc}{\left(\cos\left(\frac{2\pi}{k}\right)+2\right)^{\frac{1}{3}}} \sin\left(\frac{2\pi}{k}\right)^{\frac{1}{3}} k^{\frac{1}{3}} \end{bmatrix}$$

(%i12) R3:rhs(%[3]);

$$(\%o12) \frac{6^{\frac{1}{3}} \pi^{\frac{1}{3}} Rc}{\left(\cos\left(\frac{2\pi}{k}\right)+2\right)^{\frac{1}{3}}} \sin\left(\frac{2\pi}{k}\right)^{\frac{1}{3}} k^{\frac{1}{3}}$$

Para dibujar el radio del círculo Rc y las tres aproximaciones R1, R2 y R3

(%i13) Rc:1;

(%o13) 1

(%i14) [Rc,ev(R1,nouns),ev(R2, nouns),ev(R3, nouns)];

$$(\%o14) \begin{bmatrix} 1, \ \sqrt{\pi}\sqrt{\dfrac{1}{\cos\left(\frac{\pi}{k}\right)\sin\left(\frac{\pi}{k}\right) k}}, \\[2ex] \dfrac{6^{\frac{1}{4}} \pi^{\frac{1}{4}} \left(\dfrac{1}{\sin\left(\frac{2\pi}{k}\right) k}\right)^{\frac{1}{4}}}{\left(\cos\left(\frac{2\pi}{k}\right)+2\right)^{\frac{1}{4}}}, \\[2ex] \dfrac{6^{\frac{1}{3}} \pi^{\frac{1}{3}}}{\left(\cos\left(\frac{2\pi}{k}\right)+2\right)^{\frac{1}{3}}} \sin\left(\frac{2\pi}{k}\right)^{\frac{1}{3}} k^{\frac{1}{3}} \end{bmatrix}$$

```
(%i15) plot2d(%, [k,3,20],[y,0,2*Rc],[legend,"Rc","R1
","R2","R3"])$
```

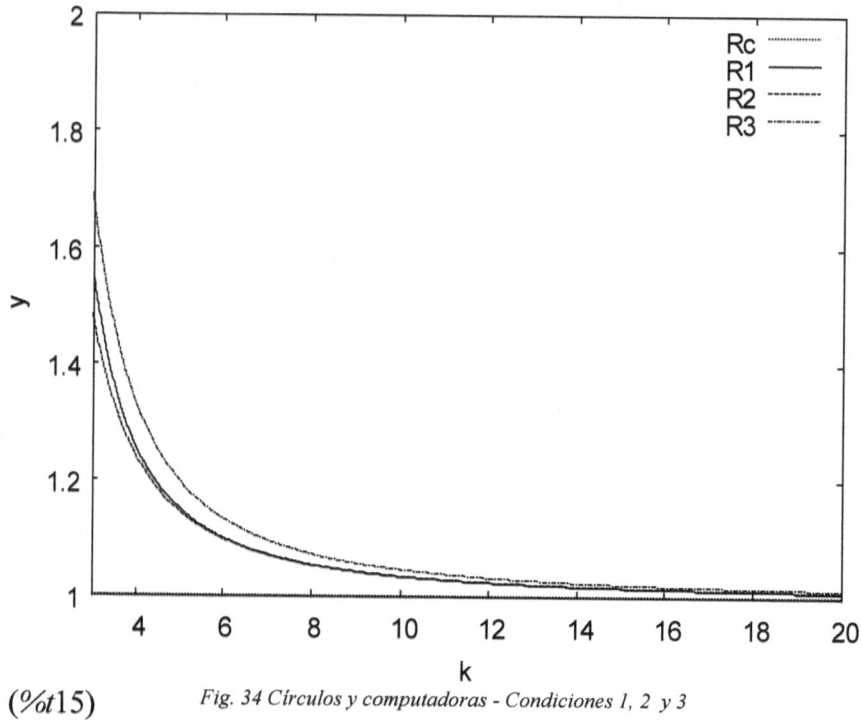

(%t15)   Fig. 34 Círculos y computadoras - Condiciones 1, 2 y 3

Ahora vemos porqué no podremos obtener soluciones que satisfagan dos condiciones simultáneamente, las tres líneas son asíntotas para el resto. Pero podemos aproximarnos usando los valores de las tablas que siguen.

Siendo *R1* el radio que cumple las condición 1 (tensión y deformación por axil), *R2* el que cumple la condición 2 (deformación por flexión) y *R3* el que cumple la condición 3 (tensión máxima por flexión); en la tabla siguiente encontramos los valores que hacen que el valor del círculo discretizado (mediante un polígono regular de *k* lados) coincida con el del círculo dato. Por ejemplo un elemento con sección hexagonal de radio circunscrito 1,0975 tiene la misma deformación por flexión que uno con sección circular de radio 1:

$$R_1 = F1 \cdot R_c$$
$$R_2 = F2 \cdot R_c$$
$$R_3 = F2 \cdot R_c$$

Tabla 6 Círculos y computadoras - Tabla de coeficientes para condiciones individuales

k	F1	F2	F3
3	1,5551	1,4830	1,6912
4	1,2533	1,2389	1,3307
5	1,1495	1,1447	1,1974
6	1,0996	1,0975	1,1321
7	1,0715	1,0704	1,0950
8	1,0539	1,0533	1,0717
9	1,0422	1,0418	1,0561
10	1,0339	1,0337	1,0451
12	1,0233	1,0232	1,0311
14	1,0170	1,0170	1,0227
16	1,0130	1,0130	1,0173
18	1,0102	1,0102	1,0137
20	1,0083	1,0083	1,0110
30	1,0037	1,0037	1,0049
40	1,0021	1,0021	1,0027
50	1,0013	1,0013	1,0018
100	1,0003	1,0003	1,0004
360	1,0000	1,0000	1,0000

Sean los radios que cumplen las condiciones 1, 2 y 3; 1 y 2; 2 y 3; 1 y 3 respectivamente:

$$R_{123} = F123 \cdot R_c$$
$$R_{12} = F12 \cdot R_c$$
$$R_{23} = F23 \cdot R_c$$
$$R_{13} = F13 \cdot R_c$$

En la tabla siguiente están los valores correspondientes a estas equivalencias. El error cometido con la aproximación se detalla en la columna *ErrXXX* adyacente al factor *FXXX*. Si sustituimos un círculo de radio 1 por un triángulo de radio circunscrito 1.5191, la diferencia entre el valor exacto y los valores aproximados para el área y el MI es menor del 2.37%. Si sustituimos un círculo de radio unidad con un dodecágono de radio 1,0259 el error para cualquiera de los tres valores (área, MI y módulo W) será menor del 0.51%.

Simetría Mecánica

Tabla 7 Círculos y computadoras - Tabla de coeficientes aproximados y errores máximos

k	F123	Err123	F12	Err12	F23	Err23	F13	Err13
3	1,5764	7,28%	1,5191	2,37%	1,5871	6,56%	1,6231	4,19%
4	1,2743	4,42%	1,2461	0,58%	1,2848	3,57%	1,2920	2,99%
5	1,1638	2,88%	1,1471	0,21%	1,1710	2,25%	1,1734	2,04%
6	1,1098	2,01%	1,0986	0,10%	1,1148	1,55%	1,1159	1,46%
7	1,0790	1,48%	1,0709	0,05%	1,0827	1,13%	1,0832	1,08%
8	1,0596	1,14%	1,0536	0,03%	1,0625	0,87%	1,0628	0,84%
9	1,0467	0,90%	1,0420	0,02%	1,0490	0,68%	1,0491	0,66%
10	1,0376	0,73%	1,0338	0,01%	1,0394	0,55%	1,0395	0,54%
12	1,0259	0,51%	1,0233	0,01%	1,0271	0,38%	1,0272	0,38%
14	1,0189	0,37%	1,0170	0,00%	1,0198	0,28%	1,0199	0,28%
16	1,0144	0,29%	1,0130	0,00%	1,0151	0,21%	1,0152	0,21%
18	1,0114	0,23%	1,0102	0,00%	1,0119	0,17%	1,0120	0,17%
20	1,0092	0,18%	1,0083	0,00%	1,0097	0,14%	1,0097	0,14%
30	1,0041	0,08%	1,0037	0,00%	1,0043	0,06%	1,0043	0,06%
40	1,0023	0,05%	1,0021	0,00%	1,0024	0,03%	1,0024	0,03%
50	1,0015	0,03%	1,0013	0,00%	1,0015	0,02%	1,0015	0,02%
100	1,0004	0,01%	1,0003	0,00%	1,0004	0,01%	1,0004	0,01%
360	1,0000	0,00%	1,0000	0,00%	1,0000	0,00%	1,0000	0,00%

Se han marcado en la tabla líneas para separar los valores con un error inferior al 1% y al 1‰.

Recopilación de fórmulas

6. Recopilación de fórmulas

6.1 Secciones con Simetría Mecánica

Simetría Mecánica

$$\forall k \in \mathbb{N} : k \geq 3$$

Siendo:

a Área del elemento
I_u, I_v Momentos principales del Elemento

Fórmula Exacta

Área	$k \cdot a$
Centro de Gravedad	(x_c, y_c) *Centro de simetría o rotación*
Momento de Inercia	$\begin{cases} I_k = I_x = I_y = \dfrac{k}{2}\left(I_u + I_v + a\,r^2\right) \\ I_{xy} = 0 \end{cases}$ [d]
Radio de Giro	$i_k = i_x = i_y = \sqrt{\dfrac{k}{2}\left(\dfrac{I_u + I_v}{a} + r^2\right)}$ [f]
Momento Polar	$I_P = k\left(I_u + I_v + a\,r^2\right)$ [g]

Fórmula Simplificada

Área	$k \cdot a$
Centro de Gravedad	(x_c, y_c) *Centro de simetría o rotación*
Momento de Inercia	$\begin{cases} I_{kap} = I_x = I_y = \dfrac{k a r^2}{2} \\ I_{xy} = 0 \end{cases}$ [a]
Radio de Giro	$i_{kap} = i_{xap} = i_{yap} = r\sqrt{\dfrac{k}{2a}}$ [j]
Momento Polar	$I_{Pap} = k a r^2$ [k]
Precisión	$\Delta I_k = \dfrac{I_u + I_v}{a \cdot r^2}$ [i]

6.2 Polígonos Regulares

Todos los valores referidos a ejes pasando por el centro de simetría o rotación.

Para todos los casos:

$$I_{xy} = 0 \Rightarrow I_u = I_v = I_x = I_y = I_k$$

$$i_{xy} = 0 \Rightarrow i_u = i_v = i_x = i_y = i_k$$

$$\Delta I_k = \frac{I_k - I_{kap}}{I_{kap}}$$

Los parámetros que usados para definir un polígono regular son:

k – Número de lados.
R – Radio de la circ. circunscrita.
b – Longitud del lado.
h – Apotema o radio de la circunferencia inscrita.

Area: $\Omega = \dfrac{kbh}{2}$

Perímetro: $P = kb$

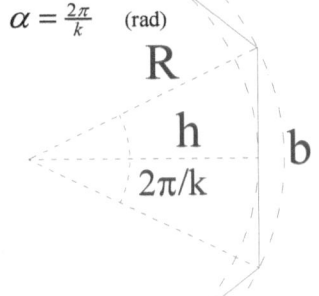

$\alpha = \frac{2\pi}{k}$ (rad)

Dependiendo de los datos disponibles usaremos distintas fórmulas para resolver el resto de parámetros de acuerdo a la tabla siguiente. En ella encontramos las fórmulas para los parámetros desconocidos en función de los conocidos:

Polígonos Regulares

	k	R	b	h
k	?	$\begin{bmatrix} b = 2R\sin\frac{\pi}{k} \\ h = R\cos\frac{\pi}{k} \end{bmatrix}$	$\begin{bmatrix} R = \dfrac{b}{2\sin\frac{\pi}{k}} \\ h = \dfrac{b}{2\tan\frac{\pi}{k}} \end{bmatrix}$	$\begin{bmatrix} b = 2h\tan\frac{\pi}{k} \\ R = \dfrac{h}{\cos\frac{\pi}{k}} \end{bmatrix}$
R	$\begin{bmatrix} b = 2R\sin\frac{\pi}{k} \\ h = R\cos\frac{\pi}{k} \end{bmatrix}$	?	$\begin{bmatrix} k = \dfrac{\pi}{\operatorname{asin}\frac{b}{2R}} \\ h = \dfrac{\sqrt{4R^2 - b^2}}{2} \end{bmatrix}$	$\begin{bmatrix} k = \dfrac{\pi}{\operatorname{acos}\frac{h}{R}} \\ b = 2\sqrt{R^2 - h^2} \end{bmatrix}$
b	$\begin{bmatrix} R = \dfrac{b}{2\sin\frac{\pi}{k}} \\ h = \dfrac{b}{2\tan\frac{\pi}{k}} \end{bmatrix}$	$\begin{bmatrix} k = \dfrac{\pi}{\operatorname{asin}\frac{b}{2R}} \\ h = \dfrac{\sqrt{4R^2 - b^2}}{2} \end{bmatrix}$	?	$\begin{bmatrix} k = \dfrac{\pi}{\operatorname{atan}\frac{b}{2h}} \\ R = \dfrac{\sqrt{4h^2 + b^2}}{2} \end{bmatrix}$
h	$\begin{bmatrix} b = 2h\tan\frac{\pi}{k} \\ R = \dfrac{h}{\cos\frac{\pi}{k}} \end{bmatrix}$	$\begin{bmatrix} k = \dfrac{\pi}{\operatorname{acos}\frac{h}{R}} \\ b = 2\sqrt{R^2 - h^2} \end{bmatrix}$	$\begin{bmatrix} k = \dfrac{\pi}{\operatorname{atan}\frac{b}{2h}} \\ R = \dfrac{\sqrt{4h^2 + b^2}}{2} \end{bmatrix}$	?

Ecuación 34 Resolución de Polígonos Regulares

Polígono Regular – b, h

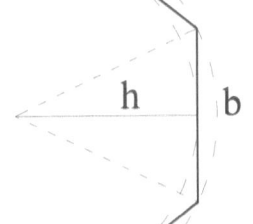

$$Area = k\frac{bh}{2}$$

$$I_k = k\frac{bh(12h^2 + b^2)}{96} = k\left(\frac{bh^3}{8} + \frac{b^3h}{96}\right)$$

$$i_k = \sqrt{\frac{12h^2 + b^2}{48}}$$

$$I_p = I_0 = k\frac{bh(12h^2 + b^2)}{48} = k\left(\frac{bh^3}{4} + \frac{b^3h}{48}\right)$$

$$I_{kap} = k\frac{bh^3}{9}$$

$$\Delta I_k = \frac{1}{8} + \frac{3b^2}{32h^2}$$

Polígono Regular – R, k

$$Area = \frac{kR^2}{2}\sin\frac{2\pi}{k}$$

$$I_k = kR^4 \frac{\sin\frac{2\pi}{k}\left(1 + 2\cos^2\frac{\pi}{k}\right)}{24}$$

$$i_k = R\sqrt{\frac{1 + 2\cos^2\frac{\pi}{k}}{12}}$$

$$I_p = I_0 = kR^4 \frac{\sin\frac{2\pi}{k}\left(1 + 2\cos^2\frac{\pi}{k}\right)}{12}$$

$$I_{kap} = \frac{2kR^4\cos^3\frac{\pi}{k}\sin\frac{\pi}{k}}{9} \equiv kR^4\frac{\cos^2\frac{\pi}{k}\sin\frac{2\pi}{k}}{9}$$

$$\Delta I_k = \frac{1}{8}\left(1 + 3\tan^2\frac{\pi}{k}\right)$$

Polígono Regular – h , k

$$Area = kh^2 \tan \frac{\pi}{k}$$

$$I_k = kh^4 \frac{\tan^3 \frac{\pi}{k} + 3\tan \frac{\pi}{k}}{12} = kh^4 \frac{\left(1 + 2\cos^2 \frac{\pi}{k}\right)\sin \frac{\pi}{k}}{12\cos^3 \frac{\pi}{k}}$$

$$i_k = h\sqrt{\frac{3 + \tan^2 \frac{\pi}{k}}{12}}$$

$$I_p = I_0 = kh^4 \frac{\tan^3 \frac{\pi}{k} + 3\tan \frac{\pi}{k}}{6} \equiv kh^4 \frac{\left(1 + 2\cos^2 \frac{\pi}{k}\right)\sin \frac{\pi}{k}}{6\cos^3 \frac{\pi}{k}}$$

$$I_{kap} = \frac{8h^4 \tan \frac{\pi}{12}}{3}$$

$$\Delta I_k = \frac{1}{8}\left(1 + 3\tan^2 \frac{\pi}{k}\right)$$

Polígono Regular – b , h

$$Area = \frac{kb^2}{4\tan \frac{\pi}{k}}$$

$$I_k = \frac{kb^4}{192\tan^3 \frac{\pi}{k}}\left(3 + \tan^2 \frac{\pi}{k}\right) = kb^4 \frac{\left(\sin \frac{\pi}{k} \sin \frac{2\pi}{k} - 3\cos \frac{\pi}{k}\right)}{192\sin^3 \frac{\pi}{k}}$$

$$i_k = b\sqrt{\frac{1 + \dfrac{3}{\tan^2 \frac{\pi}{k}}}{48}}$$

$$I_p = I_0 = \frac{kb^4}{96\tan^3 \frac{\pi}{k}}\left(3 + \tan^2 \frac{\pi}{k}\right) \equiv kb^4 \frac{\left(\sin \frac{\pi}{k} \sin \frac{2\pi}{k} - 3\cos \frac{\pi}{k}\right)}{96\sin^3 \frac{\pi}{k}}$$

$$I_{kap} = \frac{kb^4}{72\tan^3 \frac{\pi}{k}}$$

$$\Delta I_k = \frac{1}{8}\left(1 + 3\tan^2 \frac{\pi}{k}\right)$$

Triángulo Equilátero – b , h

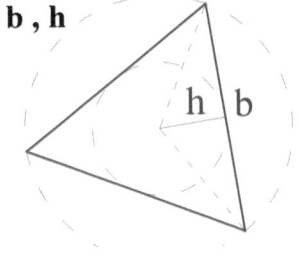

$$Area = \frac{3}{2}bh$$

$$I_k = \frac{bh(12h^2 + b^2)}{32} \equiv \frac{3bh^3}{8} + \frac{b^3 h}{32}$$

$$i_k = \sqrt{\frac{12h^2 + b^2}{48}}$$

$$I_p = I_0 = \frac{bh(12h^2 + b^2)}{16} \equiv \frac{3bh^3}{4} + \frac{b^3 h}{16}$$

$$I_{kap} = k\frac{bh^3}{3}$$

$$\Delta I_k = 1.25$$

Triángulo Equilátero - R

$$Area = \frac{\sqrt{27}}{4} R^2 \equiv 1.2990 R^2$$

$$I_k = \frac{\sqrt{27}}{32} R^4 = 0.16238 R^4$$

$$i_k = \frac{R}{\sqrt{8}} = 0.35355 R$$

$$I_p = I_0 = \frac{\sqrt{27}}{16} R^4 = 0.32476 R^4$$

$$I_{kap} = \frac{R^4}{8\sqrt{3}} \equiv 0.072169 R^4$$

$$\Delta I_k = 1.25$$

Triángulo Equilátero - h

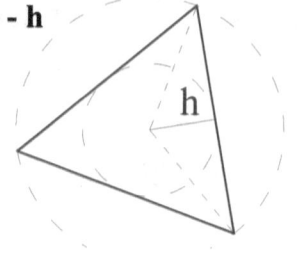

$$Area = h^2\sqrt{27} \equiv 5.1962h^2$$

$$I_k = \frac{h^4\sqrt{27}}{2} = 2.598h^4$$

$$i_k = \frac{h}{\sqrt{2}} = 0.7071h$$

$$I_p = I_0 = h^4\sqrt{27} = 5.196h^4$$

$$I_{kap} = \frac{2h^4}{\sqrt{3}} \equiv 1.1547h^4$$

$$\Delta I_k = 1.25$$

Triángulo Equilátero - b

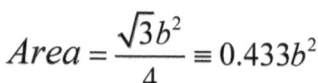

$$Area = \frac{\sqrt{3}b^2}{4} \equiv 0.433b^2$$

$$I_k = \frac{b^4}{32\sqrt{3}} = 0.0180b^4$$

$$i_k = \frac{b}{\sqrt{24}} = 0.20412b$$

$$I_p = I_0 = \frac{b^4}{16\sqrt{3}} = 0.0361b^4$$

$$I_{kap} = \frac{b^4}{72\sqrt{3}} \equiv 0.00801875b^4$$

$$\Delta I_k = 1.25$$

Cuadrado – b , h

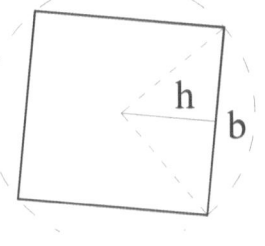

$Area = 2bh$

$I_k = \dfrac{bh^3}{2} + \dfrac{b^3h}{24} = 0.5bh^3 + 0.041\widehat{6}b^3h$

$i_k = \dfrac{\sqrt{12h^2 + b^2}}{4\sqrt{3}} = 0.14434\sqrt{12h^2 + b^2}$

$I_p = I_0 = bh^3 + \dfrac{b^3h}{12} = 0.08\widehat{3}bh(12h^2 + b^2)$

$I_{kap} = \dfrac{4bh^3}{9} \equiv 0.\widehat{4}bh^3$

$\Delta I_k = \dfrac{1}{2}$

Cuadrado - R

$Area = 2R^2$

$I_k = \dfrac{R^4}{3} = 0.\widehat{3}R^4$

$i_k = \dfrac{R}{\sqrt{6}} = 0.40825R$

$I_p = I_0 = \dfrac{2R^4}{3} = 0.\widehat{6}R^4$

$I_{kap} = \dfrac{2R^4}{9} \equiv 0.\widehat{2}R^4$

$\Delta I_k = \dfrac{1}{2}$

Cuadrado - h

$Area = 4h^2$

$I_k = \dfrac{4h^4}{3} = 1.\widehat{3}h^4$

$i_k = \dfrac{h}{\sqrt{3}} = 0.57735h$

$I_p = I_0 = \dfrac{8h^4}{3} = 2.\widehat{6}h^4$

$I_{kap} = \dfrac{8h^4}{9} \equiv 0.\widehat{8}h^4$

$\Delta I_k = \dfrac{1}{2}$

Cuadrado - b

$Area = b^2$

$I_k = \dfrac{b^4}{12} = 0.08\widehat{3}b^4$

$i_k = \dfrac{b}{2\sqrt{3}} = 0.288675b$

$I_p = I_0 = \dfrac{b^4}{6} = 0.1\widehat{6}b^4$

$I_{kap} = \dfrac{b^4}{18} \equiv 0.0\widehat{5}b^4$

$\Delta I_k = \dfrac{1}{2}$

Pentágono – b , h

$$Area = \frac{5bh}{2}$$

$$I_k = \frac{5bh^3}{8} + \frac{5b^3h}{96} = 0.625bh^3 + 0.05208\widehat{3}b^3h$$

$$i_k = \frac{\sqrt{12h^2 + b^2}}{4\sqrt{3}} = 0.144337\sqrt{12h^2 + b^2}$$

$$I_p = I_0 = \frac{5bh(12h^2 + b^2)}{48} = 0.10416\widehat{6}bh(12h^2 + b^2)$$

$$I_{kap} = \frac{5bh^3}{9} \equiv 0.\widehat{5}bh^3$$

$$\Delta I_k = 0.3223$$

Pentágono - R

$$Area = 5\cos\tfrac{\pi}{5}\sin\tfrac{\pi}{5}R^2 \equiv 2.37764R^2$$

$$I_k = \frac{5}{24}\sin\tfrac{2\pi}{5}\left(1 + 2\cos^2\tfrac{\pi}{5}\right)R^4 = 0.45750R^4$$

$$i_k = R\sqrt{\frac{1 + 2\cos^2\tfrac{\pi}{5}}{12}} = 0.43865485619628R$$

$$I_p = I_0 = \frac{5}{12}\sin\tfrac{2\pi}{5}\left(1 + 2\cos^2\tfrac{\pi}{5}\right)R^4 = 0.9150R^4$$

$$I_{kap} = \frac{5}{9}\sin\tfrac{2\pi}{5}\cos^2\tfrac{\pi}{5}R^4 \equiv 0.34582R^4$$

$$\Delta I_k = 0.3223$$

Pentágono - h

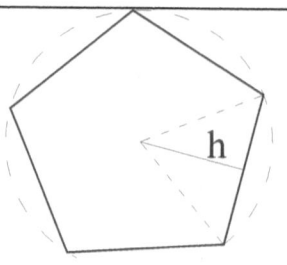

$$Area = 5\tan\tfrac{\pi}{5} h^2 \equiv 3.63271 h^2$$

$$I_k = \frac{5}{4}\left(\tan\tfrac{\pi}{5} + \frac{\tan^3 \tfrac{\pi}{5}}{3}\right) h^4 = 1.067977 h^4$$

$$i_k = h\sqrt{\frac{3 + \tan^2 \tfrac{\pi}{5}}{12}} = 0.54221 h$$

$$I_p = I_0 = \frac{5}{2}\left(\tan\tfrac{\pi}{5} + \frac{\tan^3 \tfrac{\pi}{5}}{3}\right) h^4 = 2.135953 h^4$$

$$I_{kap} = \frac{10 \tan \tfrac{\pi}{5}}{9} h^4 = 0.80727 h^4$$

$$\Delta I_k = 0.3223$$

Pentágono - b

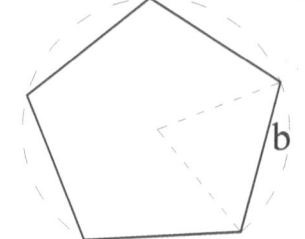

$$Area = \frac{5 b^2}{4 \tan \tfrac{\pi}{5}} \equiv 1.720477 b^2$$

$$I_k = \frac{5}{64}\left(\frac{1}{3\tan\tfrac{\pi}{5}} + \frac{1}{\tan^3 \tfrac{\pi}{5}}\right) b^4 = 0.23955 b^4$$

$$i_k = b\sqrt{\frac{1}{48} + \frac{1}{16 \tan^2 \tfrac{\pi}{5}}} = 0.373142 b$$

$$I_p = I_0 = \frac{5}{32}\left(\frac{1}{3\tan\tfrac{\pi}{5}} + \frac{1}{\tan^3 \tfrac{\pi}{5}}\right) b^4 = 0.4791 b^4$$

$$I_{kap} = \frac{5 b^4}{72 \tan^3 \tfrac{\pi}{5}} \equiv 0.181$$

$$\Delta I_k = 0.3223$$

Hexágono – b , h

$Area = 3bh$

$$I_k = \frac{3bh^3}{4} + \frac{b^3h}{16} = 0.75bh^3 + 0.0625b^3h$$

$$i_k = \frac{\sqrt{12h^2 + b^2}}{4\sqrt{3}} = 0.144337\sqrt{12h^2 + b^2}$$

$$I_p = I_0 = \frac{bh(12h^2 + b^2)}{8} = 0.125bh(12h^2 + b^2)$$

$$I_{kap} = \frac{2bh^3}{3} \equiv 0.\widehat{6}bh^3$$

$\Delta I_k = 0.25$

Hexágono - R

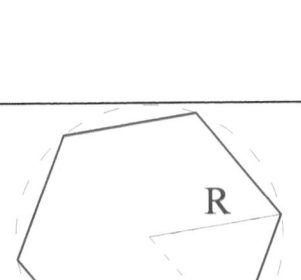

$$Area = \frac{\sqrt{27}}{2} R^2 \equiv 2.5981R^2$$

$$I_k = \frac{5\sqrt{3}R^4}{16} = 0.54127R^4$$

$$i_k = R\sqrt{\frac{5}{24}} = 0.45644R$$

$$I_p = I_0 = \frac{5\sqrt{3}R^4}{8} = 1.08253R^4$$

$$I_{kap} = \frac{\sqrt{3}}{4} R^4 \equiv 0.43301R^4$$

$\Delta I_k = 0.25$

Hexágono - h

$$Area = 2\sqrt{3}h^2 \equiv 3.4641h^2$$

$$I_k = \frac{5}{\sqrt{27}}h^4 = 0.96225h^4$$

$$i_k = h\sqrt{\frac{5}{18}} = 0.527h$$

$$I_p = I_0 = \frac{10}{\sqrt{27}}h^4 = 1.9245h^4$$

$$I_{kap} = \frac{4}{\sqrt{27}}h^4 \equiv 0.7698h^4$$

$$\Delta I_k = 0.25$$

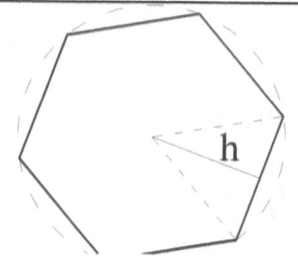

Hexágono - b

$$Area = \frac{\sqrt{27}}{2}b^2 \equiv 2.5981b^2$$

$$I_k = \frac{5\sqrt{3}b^4}{16} = 0.54127b^4$$

$$i_k = b\sqrt{\frac{5}{24}} = 0.45644b$$

$$I_p = I_0 = \frac{5\sqrt{3}b^4}{8} = 1.08253b^4$$

$$I_{kap} = \frac{\sqrt{3}b^4}{4} \equiv 0.43301b^4$$

$$\Delta I_k = 0.25$$

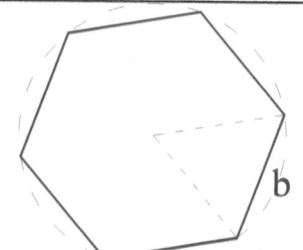

Heptágono

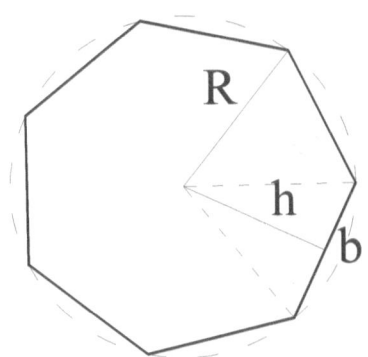

Area

3.5bh

2.736410188638105R^2

3.3710223316527h^2

3.633912444001589b^2

I_k

0.875bh^3 + 0.07291\widehat{6}b^3h

0.5982453519662R^4

0.90790455421028h^4

1.055032537935482b^4

i_k

0.14433756729741$\sqrt{12h^2+b^2}$

0.46757261484704R

0.51896644990144h

0.53882246866176b

I_{kap}

0.$\widehat{7}$$bh^3$

0.49361489277292R^4

0.7491160737006h^4

0.87051202549818b^4

$I_p = I_0$

0.14583$\widehat{3}$$bh(12h^2+b^2)$

1.1964907039324R^4

1.815809108420554h^4

2.100650758870964b^4

ΔI_k

0.21196779255486

$I_{xy} = 0 \Rightarrow I_u = I_v = I_x = I_y = I_k$

$i_{xy} = 0 \Rightarrow i_u = i_v = i_x = i_y = i_k$

Octógono

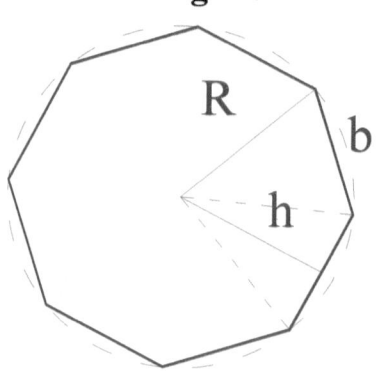

Area

$4bh$

$2.82842712474619 R^2$

$3.31370849898476 h^2$

$4.82842712474619 b^2$

I_k	i_k
$bh^3 + 0.08\widehat{3}b^3h$	$0.14433756729741\sqrt{12h^2+b^2}$
$0.6380711874577 R^4$	$0.47496550586916 R$
$0.87580566598984 h^4$	$0.51409895896071 h$
$1.85947570824873 b^4$	$0.62057233956242 b$

I_{kap}	$I_p = I_0$
$0.\widehat{8}bh^3$	$0.1\widehat{6}bh(12h^2+b^2)$
$0.53649190274958 R^4$	$1.276142374915396 R^4$
$0.73637966644106 h^4$	$1.75161133197968 h^4$
$1.563451979096164 b^4$	$3.71895141649746 b^4$

ΔI_k	
0.18933982822018	$I_{xy}=0 \Rightarrow I_u = I_v = I_x = I_y = I_k$
	$i_{xy}=0 \Rightarrow i_u = i_v = i_x = i_y = i_k$

Dodecágono

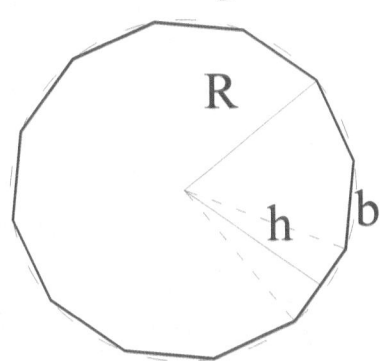

Area

$6bh$

$3R^2$

$3.215390309173472h^2$

$11.19615242270663b^2$

I_k

$1.5bh^3 + 0.125b^3h$

$0.71650635094611R^4$

$0.82308546376021h^4$

$9.979646071760525b^4$

i_k

$0.14433756729741\sqrt{12h^2 + b^2}$

$0.48870793968931R$

$0.50594768913763h$

$0.94411124091685b$

I_{kap}

$1.\widehat{3}bh^3$

$0.62200846792815R^4$

$0.71453117981633h^4$

$8.663460352255527b^4$

$I_p = I_0$

$0.25bh(12h^2 + b^2)$

$1.433012701892219R^4$

$1.646170927520417h^4$

$19.95929214352104b^4$

ΔI_k

0.15192378864668

$I_{xy} = 0 \Rightarrow I_u = I_v = I_x = I_y = I_k$

$i_{xy} = 0 \Rightarrow i_u = i_v = i_x = i_y = i_k$

Simetría Mecánica

Polígonos Regulares – R

$$Area = R^2 Area_k \quad I_k = R^4 MoI_k \quad i_k = R \cdot RadGir_k$$

$$I_p = R^4 PolMoI_k \quad I_{kap} = R^4 ApMoI_k$$

k	$Area_k$	MoI_k	$RadGir_k$	$PolMoI_k$	$ApMoI_k$	ApMoI Err
3	1,299	0,16238	0,35355	0,32476	0,072169	125,0%
4	2	0,33333	0,40825	0,66667	0,22222	50,0%
5	2,3776	0,4575	0,43865	0,915	0,34582	32,3%
6	2,5981	0,54127	0,45644	1,0825	0,43301	25,0%
7	2,7364	0,59825	0,46757	1,1965	0,49361	21,2%
8	2,8284	0,63807	0,47497	1,2761	0,53649	18,9%
9	2,8925	0,66674	0,48011	1,3335	0,5676	17,5%
10	2,9389	0,68796	0,48382	1,3759	0,59073	16,5%
12	3	0,71651	0,48871	1,433	0,62201	15,2%
13	3,0207	0,72634	0,49036	1,4527	0,63282	14,8%
14	3,0372	0,73423	0,49168	1,4685	0,64151	14,5%
15	3,0505	0,74065	0,49274	1,4813	0,64859	14,2%
16	3,0615	0,74595	0,49362	1,4919	0,65443	14,0%
17	3,0706	0,75036	0,49434	1,5007	0,65931	13,8%
18	3,0782	0,75408	0,49495	1,5082	0,66341	13,7%
19	3,0846	0,75723	0,49546	1,5145	0,66691	13,5%
20	3,0902	0,75994	0,4959	1,5199	0,6699	13,4%
30	3,1187	0,77399	0,49818	1,548	0,68547	12,9%
40	3,1287	0,77896	0,49897	1,5579	0,69098	12,7%
50	3,1333	0,78127	0,49934	1,5625	0,69355	12,6%
60	3,1359	0,78253	0,49954	1,5651	0,69495	12,6%
70	3,1374	0,78329	0,49966	1,5666	0,69579	12,6%
80	3,1384	0,78378	0,49974	1,5676	0,69634	12,6%
90	3,139	0,78412	0,4998	1,5682	0,69672	12,5%
100	3,1395	0,78437	0,49984	1,5687	0,69698	12,5%
200	3,1411	0,78514	0,49996	1,5703	0,69784	12,5%
300	3,1414	0,78528	0,49998	1,5706	0,698	12,5%
400	3,1415	0,78533	0,49999	1,5707	0,69806	12,5%
500	3,1415	0,78536	0,49999	1,5707	0,69809	12,5%
32	3,1214	0,77536	0,4984	1,5507	0,68699	12,9%
64	3,1365	0,78288	0,4996	1,5658	0,69533	12,6%
128	3,1403	0,78477	0,4999	1,5695	0,69743	12,5%
256	3,1413	0,78524	0,49997	1,5705	0,69796	12,5%
512	3,1415	0,78536	0,49999	1,5707	0,69809	12,5%
1000	3,1416	0,78539	0,5	1,5708	0,69812	12,5%

Polígonos Regulares – h

$$Area = h^2 Area_k \quad I_k = h^4 MoI_k \quad i_k = h \cdot RadGir_k$$

$$I_p = h^4 PolMoI_k \quad I_{kap} = h^4 ApMoI_k$$

k	Areak	MoIk	RadGirk	PolMoIk	ApMoIk	ApMol Err
3	5,1962	2,5981	0,70711	5,1962	1,1547	125,0%
4	4	1,3333	0,57735	2,6667	0,88889	50,0%
5	3,6327	1,068	0,54221	2,136	0,80727	32,3%
6	3,4641	0,96225	0,52705	1,9245	0,7698	25,0%
7	3,371	0,9079	0,51897	1,8158	0,74912	21,2%
8	3,3137	0,87581	0,5141	1,7516	0,73638	18,9%
9	3,2757	0,8551	0,51092	1,7102	0,72794	17,5%
10	3,2492	0,84088	0,50872	1,6818	0,72204	16,5%
12	3,2154	0,82309	0,50595	1,6462	0,71453	15,2%
13	3,2042	0,81727	0,50504	1,6345	0,71205	14,8%
14	3,1954	0,81272	0,50432	1,6254	0,71009	14,5%
15	3,1883	0,80909	0,50375	1,6182	0,70852	14,2%
16	3,1826	0,80614	0,50329	1,6123	0,70724	14,0%
17	3,1779	0,80372	0,5029	1,6074	0,70619	13,8%
18	3,1739	0,80169	0,50258	1,6034	0,70531	13,7%
19	3,1705	0,79999	0,50232	1,6	0,70456	13,5%
20	3,1677	0,79854	0,50209	1,5971	0,70393	13,4%
30	3,1531	0,79118	0,50092	1,5824	0,70069	12,9%
40	3,1481	0,78864	0,50052	1,5773	0,69957	12,7%
50	3,1457	0,78747	0,50033	1,5749	0,69905	12,6%
60	3,1445	0,78684	0,50023	1,5737	0,69877	12,6%
70	3,1437	0,78645	0,50017	1,5729	0,6986	12,6%
80	3,1432	0,78621	0,50013	1,5724	0,69849	12,6%
90	3,1429	0,78604	0,5001	1,5721	0,69842	12,5%
100	3,1426	0,78592	0,50008	1,5718	0,69836	12,5%
200	3,1419	0,78553	0,50002	1,5711	0,69819	12,5%
300	3,1417	0,78546	0,50001	1,5709	0,69816	12,5%
400	3,1417	0,78543	0,50001	1,5709	0,69815	12,5%
500	3,1416	0,78542	0,5	1,5708	0,69814	12,5%
32	3,1517	0,79048	0,50081	1,581	0,70038	12,9%
64	3,1441	0,78666	0,5002	1,5733	0,69869	12,6%
128	3,1422	0,78571	0,50005	1,5714	0,69827	12,5%
256	3,1418	0,78548	0,50001	1,571	0,69817	12,5%
512	3,1416	0,78542	0,5	1,5708	0,69814	12,5%
1000	3,1416	0,7854	0,5	1,5708	0,69813	12,5%

Simetría Mecánica

Polígonos Regulares – *b*

$$Area = b^2 Area_k \quad I_k = b^4 MoI_k \quad i_k = b \cdot RadGir_k$$
$$I_p = b^4 PolMoI_k \quad I_{kap} = b^4 ApMoI_k$$

k	$Area_k$	MoI_k	$RadGir_k$	$PolMoI_k$	$ApMoI_k$	ApMoI Err
3	0,43301	0,018042	0,20412	0,036084	0,0080188	125,0%
4	1	0,083333	0,28868	0,16667	0,055556	50,0%
5	1,7205	0,23955	0,37314	0,4791	0,18107	32,3%
6	2,5981	0,54127	0,45644	1,0825	0,43301	25,0%
7	3,6339	1,055	0,53882	2,1101	0,87051	21,2%
8	4,8284	1,8595	0,62057	3,719	1,5635	18,9%
9	6,1818	3,0453	0,70187	6,0906	2,5925	17,5%
10	7,6942	4,7153	0,78284	9,4307	4,0489	16,5%
12	11,196	9,9796	0,94411	19,959	8,6635	15,2%
13	13,186	13,84	1,0245	27,68	12,058	14,8%
14	15,335	18,717	1,1048	37,433	16,353	14,5%
15	17,642	24,773	1,185	49,546	21,694	14,2%
16	20,109	32,184	1,2651	64,369	28,236	14,0%
17	22,735	41,138	1,3451	82,276	36,146	13,8%
18	25,521	51,834	1,4251	103,67	45,602	13,7%
19	28,465	64,483	1,5051	128,97	56,791	13,5%
20	31,569	79,31	1,585	158,62	69,913	13,4%
30	71,358	405,21	2,383	810,41	358,86	12,9%
40	127,06	1284,8	3,1798	2569,5	1139,7	12,7%
50	198,68	3141,3	3,9763	6282,6	2788,6	12,6%
60	286,22	6519	4,7725	13038	5789,4	12,6%
70	389,67	12083	5,5686	24166	10733	12,6%
80	509,03	20620	6,3646	41240	18319	12,6%
90	644,32	33036	7,1605	66072	29353	12,5%
100	795,51	50360	7,9564	1,01E+05	44750	12,5%
200	3182,8	8,06E+05	15,915	1,61E+06	7,17E+05	12,5%
300	7161,7	4,08E+06	23,873	8,16E+06	3,63E+06	12,5%
400	12732	1,29E+07	31,831	2,58E+07	1,15E+07	12,5%
500	19894	3,15E+07	39,788	6,30E+07	2,80E+07	12,5%
32	81,225	525,02	2,5424	1050	465,18	12,9%
64	325,69	8441	5,0909	16882	7497,1	12,6%
128	1303,5	1,35E+05	10,185	2,70E+05	1,20E+05	12,5%
256	5214,9	2,16E+06	20,371	4,33E+06	1,92E+06	12,5%
512	20860	3,46E+07	40,743	6,93E+07	3,08E+07	12,5%
1000	79418	5,02E+08	79,498	1,00E+09	4,46E+08	12,5%

Simetría Mecánica

6.3 Tubos Poligonales Regulares

Tubo Poligonal Regular – h_2 , b_2 , t

Area = $\dfrac{b_2 t(2h_2 - t)}{2h_2} k$

$I_k = \dfrac{b_2(12h_2^2 + b_2^2) t(2h_2 - t)(t^2 - 2h_2 t + 2h_2^2)}{96 h_2^3} k$

$I_p = I_0 = \dfrac{b_2(12h_2^2 + b_2^2) t(2h_2 - t)(t^2 - 2h_2 t + 2h_2^2)}{48 h_2^3} k$

$i_k = \dfrac{\sqrt{(t^2 - 2h_2 t + 2h_2^2)(12h_2^2 + b_2^2)}}{h_2 \, 4\sqrt{3}}$

$I_{kap} = \dfrac{b_2 k t (t^2 - 3h_2 t + 3h_2^2)^2}{9 h_2 (2h_2 - t)}$

$\Delta I_k = \dfrac{(4h_2^2 + 3b_2^2) t^4 + (-24 h_2^3 - 18 b_2^2 h_2) t^3 + (24 h_2^4 + 42 b_2^2 h_2^2) t^2 - 48 b_2^2 h_2^3 t + 24 b_2^2 h_2^4}{32 h_2^2 t^4 - 192 h_2^3 t^3 + 480 h_2^4 t^2 - 576 h_2^5 t + 288 h_2^6}$

Tubo Poligonal Regular – b_2 , t

Area = $t(b_2 - t \cdot \tan \tfrac{\pi}{k}) k$

$I_k = \dfrac{t(\tan^2 \tfrac{\pi}{k} + 3)(b_2 - t \tan \tfrac{\pi}{k})(2t^2 \tan^2 \tfrac{\pi}{k} - 2tb_2 \tan \tfrac{\pi}{k} + b_2^2)}{24 \tan^2 \tfrac{\pi}{k}} k$

$I_p = I_0 = \dfrac{t(\tan^2 \tfrac{\pi}{k} + 3)(b_2 - t \tan \tfrac{\pi}{k})(2t^2 \tan^2 \tfrac{\pi}{k} - 2tb_2 \tan \tfrac{\pi}{k} + b_2^2)}{12 \tan^2 \tfrac{\pi}{k}} k$

$i_k = \sqrt{\dfrac{(\tan^2 \tfrac{\pi}{k} + 3)(2t^2 \tan^2 \tfrac{\pi}{k} - 2tb_2 \tan \tfrac{\pi}{k} + b_2^2)}{24 \tan^2 \tfrac{\pi}{k}}}$

$I_{kap} = \dfrac{t(4t^2 \tan^2 \tfrac{\pi}{k} - 6 b_2 t \cdot \tan \tfrac{\pi}{k} + 3 b_2^2)^2}{72 \tan^2 \tfrac{\pi}{k} (b_2 - t \cdot \tan \tfrac{\pi}{k})} k$

$\Delta I_k = \dfrac{\tan^2 \tfrac{\pi}{k}(6 t^4 \tan^4 \tfrac{\pi}{k} + 2 t^4 \tan^2 \tfrac{\pi}{k} - 18 b_2 t^3 \tan^3 \tfrac{\pi}{k} - 6 b_2 t^3 \tan \tfrac{\pi}{k} + 21 b_2^2 t^2 \tan^2 \tfrac{\pi}{k} + 3 b_2^2 t^2 - 12 t b_2^3 \tan \tfrac{\pi}{k} + 3 b_2^4)}{(4 t^2 \tan^2 \tfrac{\pi}{k} - 6 t b_2 \tan \tfrac{\pi}{k} + 3 b_2^2)^2}$

Tubo Poligonal Regular – h2 , t

Area = $\left(\tan\frac{\pi}{k}\right)t(2h_2-t)k$

$I_k = \dfrac{\tan\frac{\pi}{k}\left(\tan^2\frac{\pi}{k}+3\right)t(2h_2-t)\left[(2h_2-t)^2-t^2\right]}{24}k$

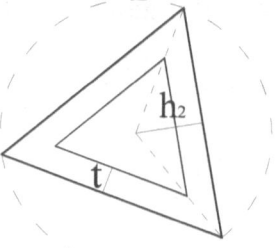

$I_p = I_0 = \dfrac{\tan\frac{\pi}{k}\left(\tan^2\frac{\pi}{k}+3\right)t(2h_2-t)\left(t^2-2h_2t+2h_2^2\right)}{6}k$

$i_k = \sqrt{\dfrac{\left(\tan^2\frac{\pi}{k}+3\right)\left(t^2-2h_2t+2h_2^2\right)}{12}}$

$I_{kap} = \dfrac{2\left(\tan\frac{\pi}{k}\right)t\left(t^2-3h_2t+3h_2^2\right)^2}{9(2h_2-t)}k$

$\Delta I_k = \dfrac{2\sin^2\frac{\pi}{k}t^4+t^4-12h_2t^3\sin^2\frac{\pi}{k}-6h_2t^3+36h_2^2t^2\sin^2\frac{\pi}{k}+6h_2^2t^2-48th_2^3\sin^2\frac{\pi}{k}+24h_2^4\sin^2\frac{\pi}{k}}{8\cos^2\frac{\pi}{k}\left(t^2-3h_2t+3h_2^2\right)^2}$

Tubo Poligonal Regular – R2 , t

Area = $\tan\frac{\pi}{k}t\left(2R_2\cos\frac{\pi}{k}-t\right)k$

$I_k = \dfrac{\tan\frac{\pi}{k}\left(1+2\cos^2\frac{\pi}{k}\right)t\left(2R_2\cos\frac{\pi}{k}-t\right)\left[\left(2R_2\cos\frac{\pi}{k}-t\right)^2-t^2\right]}{24\cos^2\frac{\pi}{k}}k$

$I_p = I_0 = \dfrac{\tan\frac{\pi}{k}\left(1+2\cos^2\frac{\pi}{k}\right)t\left(2R_2\cos\frac{\pi}{k}-t\right)\left(2R_2^2\cos^2\frac{\pi}{k}-2tR_2\cos\frac{\pi}{k}+t^2\right)}{6\cos^2\frac{\pi}{k}}k$

$i_k = \sqrt{\dfrac{\left(1+2\cos^2\frac{\pi}{k}\right)\left(2R_2^2\cos^2\frac{\pi}{k}-2tR_2\cos\frac{\pi}{k}+t^2\right)}{12\cos^2\frac{\pi}{k}}}$

$\Delta I_k = \dfrac{24\left[\left(\cos^6\frac{\pi}{k}-\cos^4\frac{\pi}{k}\right)R_2^4+\left(\cos^3\frac{\pi}{k}-\cos^5\frac{\pi}{k}\right)2tR_2^3\right]+\left(6\cos^4\frac{\pi}{k}-7\cos^2\frac{\pi}{k}\right)6t^2R_2^2+\left(6\cos\frac{\pi}{k}-4\cos^3\frac{\pi}{k}\right)3t^3R_2+\left(2\cos^2\frac{\pi}{k}-3\right)t^4}{8\cos^2\frac{\pi}{k}\left(3R_2^2\cos^2\frac{\pi}{k}-3tR_2\cos\frac{\pi}{k}+t^2\right)^2}$

$I_{kap} = \dfrac{2\tan\frac{\pi}{k}t\left(3R_2^2\cos^2\frac{\pi}{k}-3tR_2\cos\frac{\pi}{k}+t^2\right)^2}{9\left(2R_2\cos\frac{\pi}{k}-t\right)}k$

Tubo Poligonal Regular – h_2, h_1

$$\text{Area} = \tan\tfrac{\pi}{k}(h_2 - h_1)(h_2 + h_1)k$$

$$I_k = \frac{(h_2 - h_1)(h_2 + h_1)(h_2^2 + h_1^2)\tan\tfrac{\pi}{k}(\tan^2\tfrac{\pi}{k} + 3)k}{12}$$

$$I_p = I_0 = \frac{(h_2^4 - h_1^4)\tan^3\tfrac{\pi}{k} + (3h_2^4 - 3h_1^4)\tan\tfrac{\pi}{k}}{6}k$$

$$i_k = \sqrt{\frac{(\tan^2\tfrac{\pi}{k} + 3)(h_2^2 + h_1^2)}{12}}$$

$$I_{kap} = \frac{2(h_2 - h_1)(h_2^2 + h_1 h_2 + h_1^2)^2 \tan\tfrac{\pi}{k}}{9(h_2 + h_1)}k$$

$$\Delta I_k = \frac{3h_2^4 + 6h_1 h_2^3 + 6h_1^2 h_2^2 + 6h_1^3 h_2 + 3h_1^4 - (2h_2^4 + 4h_1 h_2^3 + 12h_1^2 h_2^2 + 4h_1^3 h_2 + 2h_1^4)\cos^2\tfrac{\pi}{k}}{(8h_2^4 + 16h_1 h_2^3 + 24h_1^2 h_2^2 + 16h_1^3 h_2 + 8h_1^4)\cos^2\tfrac{\pi}{k}}$$

Tubo Poligonal Regular - R_1, R_2

$$\text{Area} = \frac{\sin\tfrac{2\pi}{k}(R_2 - R_1)(R_2 + R_1)}{2}k$$

$$I_k = \frac{\sin\tfrac{2\pi}{k}(1 + 2\cos^2\tfrac{\pi}{k})(R_2 - R_1)(R_2 + R_1)(R_2^2 + R_1^2)}{24}k$$

$$I_p = I_0 = \frac{\sin\tfrac{2\pi}{k}(1 + 2\cos^2\tfrac{\pi}{k})(R_2 - R_1)(R_2 + R_1)(R_2^2 + R_1^2)}{12}k$$

$$i_k = \sqrt{\frac{(R_2^2 + R_1^2)(1 + 2\cos^2\tfrac{\pi}{k})}{12}}$$

$$\Delta I_k = \frac{(2 - \cos\tfrac{2\pi}{k})(R_2^4 + R_1^4) + (4 - 2\cos\tfrac{2\pi}{k})(R_1 R_2^3 + R_1^3 R_2) - 6\cos\tfrac{2\pi}{k}R_1^2 R_2^2}{8\cos^2\tfrac{\pi}{k}(R_2^2 + R_1 R_2 + R_1^2)^2}$$

$$I_{kap} = \frac{\sin\tfrac{2\pi}{k}\cos^2\tfrac{\pi}{k}(R_2 - R_1)(R_2^2 + R_1 R_2 + R_1^2)^2}{9(R_2 + R_1)}k$$

Tubo Hexagonal Regular

$$\text{Área} = \begin{cases} t(1.73205b_2 - t)3.4641 \\ t(2h_2 - t)3.4641 \\ t(1.73205R_2 - t)3.4641 \end{cases}$$

$$I_k = \begin{cases} t(6.92820b_2 t^2 - 9b_2^2 t + 5.19615b_2^3 - 2t^3)0.481125 \\ t(2h_2 - t)(t^2 - 2h_2 t + 2h_2^2)0.9623 \\ t(6.92820R_2 t^2 - 9R_2^2 t + 5.19615R_2^3 - 2t^3)0.481125 \end{cases}$$

$$I_P = I_0 = \begin{cases} t(6.9282b_2 t^2 - 9b_2^2 t + 5.19615b_2^3 - 2t^3)0.9623 \\ t(2h_2 - t)(t^2 - 2h_2 t + 2h_2^2)1.9245 \\ t(6.9282R_2 t^2 - 9R_2^2 t + 5.19615R_2^3 - 2t^3)0.9623 \end{cases}$$

$$i_k = \begin{cases} 0.3727\sqrt{\dfrac{2t^3 - 6.9282b_2 t^2 + 9b_2^2 t - 5.19615b_2^3}{t - 1.73205b_2}} \\ 0.527\sqrt{t^2 - 2h_2 t + 2h_2^2} \\ 0.3727\sqrt{\dfrac{2t^3 - 6.9282R_2 t^2 + 9R_2^2 t - 5.19615R_2^3}{t - 1.73205R_2}} \end{cases}$$

$$I_{kap} = \begin{cases} \dfrac{0.04811t(10.3923b_2 t - 9b_2^2 - 4t^2)^2}{1.73205b_2 - t} \\ \dfrac{0.7698t(t^2 - 3h_2 t + 3h_2^2)^2}{2h_2 - t} \end{cases}$$

$$\Delta I_k = \begin{cases} \dfrac{21(1.7b_2 - t)\left(\dfrac{0.05t(4t^2 - 10.b_2 t + 9b_2^2)^2}{t - 1.7b_2} - 0.5t(2t^3 - 6.9b_2 t^2 + 9b_2^2 t - 5.2b_2^3)\right)}{t(4t^2 - 10b_2 t + 9b_2^2)^2} \\ \dfrac{5656704t^4 - 33940224h_2 t^3 + 56567041h_2^2 t^2 - 45253634h_2^3 t + 22626817h_2^4}{22626815(t^2 - 3h_2 t + 3h_2^2)^2} \end{cases}$$

Tubo Hexagonal Regular

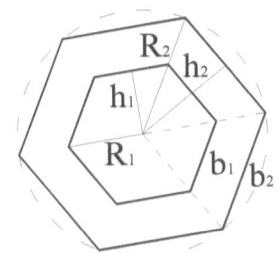

$$\text{Área} = \begin{cases} 3.4641\left(h_2^2 - h_1^2\right) \\ 2.59808\left(R_2^2 - R_1^2\right) \\ 2.59808\left(b_2^2 - b_1^2\right) \end{cases}$$

$$I_P = I_0 = \begin{cases} 1.9245\left(h_2^4 - h_1^4\right) \\ 1.08253\left(R_2^4 - R_1^4\right) \\ 1.08253\left(b_2^4 - b_1^4\right) \end{cases} \qquad I_k = \begin{cases} 0.9623\left(h_2^4 - h_1^4\right) \\ 0.5413\left(R_2^4 - R_1^4\right) \\ 0.5413\left(b_2^4 - b_1^4\right) \end{cases}$$

$$I_{kap} = \begin{cases} \dfrac{0.7698\left(h_2 - h_1\right)\left(h_2^2 + h_1 h_2 + h_1^2\right)^2}{h_2 + h_1} \\ \\ \dfrac{0.433\left(R_2 - R_1\right)\left(R_2^2 + R_1 R_2 + R_1^2\right)^2}{R_2 + R_1} \end{cases} \qquad i_k = \begin{cases} 0.527\sqrt{h_2^2 + h_1^2} \\ 0.4564\sqrt{R_2^2 + R_1^2} \\ 0.4564\sqrt{b_2^2 + b_1^2} \end{cases}$$

$$\Delta I_k = \begin{cases} \dfrac{5656704\,h_2^4 + 11313408\,h_1 h_2^3 - 11313407\,h_1^2 h_2^2 + 11313408\,h_1^3 h_2 + 5656704\,h_1^4}{22626815\left(h_2^2 + h_1 h_2 + h_1^2\right)^2} \\ \\ \dfrac{5307335\,R_2^4 + 10614670\,R_1 R_2^3 - 10614671\,R_1^2 R_2^2 + 10614670\,R_1^3 R_2 + 5307335\,R_1^4}{21229341\left(R_2^2 + R_1 R_2 + R_1^2\right)^2} \end{cases}$$

Tubo Octogonal Regular

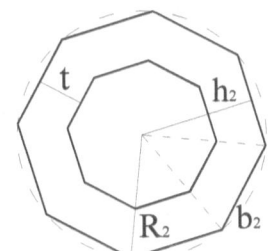

$$\text{Área} = \begin{cases} 8\left(b_2 - 0.4142t\right)t \\ 3.31371(2h_2 - t)t \\ 3.31371(1.84776 R_2 - t)t \end{cases}$$

$$I_k = \begin{cases} 6.16176(b_2 - 0.4142t)t(0.34311t^2 - 0.8284b_2 t + b_2^2) \\ 0.8758(2h_2 - t)t(t^2 - 2h2t + 2h2^2) \\ 0.8758(1.84776R_2 - t)t(1.70711R_2^2 - 1.84776tR_2 + t^2) \end{cases}$$

$$I_P = I_0 = \begin{cases} 12.3235(b_2 - 0.4142t)t(0.34311t^2 - 0.8284b2t + b2^2) \\ 1.75161(2h_2 - t)t(t^2 - 2h2t + 2h2^2) \\ 1.75161(1.84776R_2 - t)t(1.70711R_2^2 - 1.84776tR_2 + t^2) \end{cases}$$

$$i_k = \begin{cases} 0.8776\sqrt{0.34311t^2 - 0.8284b_2 t + b_2^2} \\ 0.5141\sqrt{t^2 - 2h_2 t + 2h_2^2} \\ 0.5141\sqrt{1.70711R_2^2 - 1.84776tR_2 + t^2} \end{cases}$$

$$I_{kap} = \begin{cases} \dfrac{0.6476t(0.6863t^2 - 2.48528b_2 t + 3b_2^2)^2}{b_2 - 0.4142t} \\ \dfrac{0.7364t(t^2 - 3h_2 t + 3h_2^2)^2}{2h_2 - t} \\ \dfrac{0.7364t(2.56066R_2^2 - 2.77164tR_2 + t^2)^2}{1.84776R_2 - t} \end{cases}$$

$$\Delta I_k = \begin{cases} \dfrac{3(9t^4 - 454b_2 t^3 + 1375b_2^2 t^2 - 2300b_2^3 t + 2000b_2^4)}{50(7t^2 - 25b_2 t + 30b_2^2)^2} \\ \dfrac{9249961t^4 - 55499766h_2 t^3 + 80645697h_2^2 t^2 - 50291862h_2^3 t + 251459311h_2^4}{48853757(t^2 - 3h_2 t + 3h_2^2)^2} \\ \dfrac{3(9t^4 - 454b_2 t^3 + 1375b_2^2 t^2 - 2300b_2^3 t + 2000b_2^4)}{50(7t^2 - 25b_2 t + 30b_2^2)^2} \end{cases}$$

Tubo Octogonal Regular

$$\acute{A}rea = \begin{cases} 3.31371\left(h_2^2 - h_1^2\right) \\ 2.82843\left(R_2^2 - R_1^2\right) \\ 4.82843\left(b_2^2 - b_1^2\right) \end{cases}$$

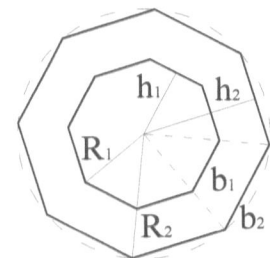

$$I_P = I_0 = \begin{cases} 1.75161\left(h_2^4 - h_1^4\right) \\ 1.27614\left(R_2^4 - R_1^4\right) \\ 3.71895\left(b_2^4 - b_1^4\right) \end{cases} \qquad I_k = \begin{cases} 0.8758\left(h_2^4 - h_1^4\right) \\ 0.6381\left(R_2^4 - R_1^4\right) \\ 1.85948\left(b_2^4 - b_1^4\right) \end{cases}$$

$$I_{kap} = \begin{cases} \dfrac{0.7364\left(h_2 - h_1\right)\left(h_2^2 + h_1 h_2 + h_1^2\right)^2}{h_2 + h_1} \\ \dfrac{0.5365\left(R_2 - R_1\right)\left(R_2^2 + R_1 R_2 + R_1^2\right)^2}{R_2 + R_1} \\ \dfrac{1.56345\left(b_2 - b_1\right)\left(b_2^2 + b_1 b_2 + b_1^2\right)^2}{b_2 + b_1} \end{cases} \qquad i_k = \begin{cases} 0.5141\sqrt{h_2^2 + h_1^2} \\ 0.475\sqrt{R_2^2 + R_1^2} \\ 0.6206\sqrt{b_2^2 + b_1^2} \end{cases}$$

$$\Delta I_k = \begin{cases} \dfrac{9249961 h_2^4 + 18499922 h_1 h_2^3 - 30353835 h_1^2 h_2^2 + 18499922 h_1^3 h_2 + 9249961 h_1^4}{48853757\left(h_2^2 + h_1 h_2 + h_1^2\right)^2} \\ \dfrac{19193 R_2^4 + 38386 R_1 R_2^3 - 62982 R_1^2 R_2^2 + 38386 R_1^3 R_2 + 19193 R_1^4}{101368\left(R_2^2 + R_1 R_2 + R_1^2\right)^2} \\ \dfrac{17185361 b_2^4 + 34370722 b_1 b_2^3 - 56393913 b_1^2 b_2^2 + 34370722 b_1^3 b2 + 17185361 b_1^4}{90764635\left(b_2^2 + b_1 b_2 + b_1^2\right)^2} \end{cases}$$

Simetría Mecánica

Tubos Poligonales Regulares $-t$, h_2

$$Area = Area_k(2h_2 - t)t$$

$$I_k = MoI_k(2h_2 - t)t(t^2 - 2h2t + 2h2^2) \quad i_k = RadGir_k\sqrt{t^2 - 2h_2 t + 2h_2^2}$$

$$I_p = PolMoI_k(2h_2 - t)t(t^2 - 2h2t + 2h2^2) \quad I_{kap} = ApMoI_k \frac{t(t^2 - 3h_2 t + 3h_2^2)^2}{2h_2 - t}$$

k	$Area_k$	MoI_k	$RadGir_k$	$PolMoI_k$	$ApMoI_k$
3	5,1962	2,5981	0,70711	5,1962	1,1547
4	4	1,3333	0,57735	2,6667	0,88889
5	3,6327	1,068	0,54221	2,136	0,80727
6	3,4641	0,96225	0,52705	1,9245	0,7698
7	3,371	0,9079	0,51897	1,8158	0,74912
8	3,3137	0,87581	0,5141	1,7516	0,73638
9	3,2757	0,8551	0,51092	1,7102	0,72794
10	3,2492	0,84088	0,50872	1,6818	0,72204
12	3,2154	0,82309	0,50595	1,6462	0,71453
13	3,2042	0,81727	0,50504	1,6345	0,71205
14	3,1954	0,81272	0,50432	1,6254	0,71009
15	3,1883	0,80909	0,50375	1,6182	0,70852
16	3,1826	0,80614	0,50329	1,6123	0,70724
17	3,1779	0,80372	0,5029	1,6074	0,70619
18	3,1739	0,80169	0,50258	1,6034	0,70531
19	3,1705	0,79999	0,50232	1,6	0,70456
20	3,1677	0,79854	0,50209	1,5971	0,70393
30	3,1531	0,79118	0,50092	1,5824	0,70069
40	3,1481	0,78864	0,50052	1,5773	0,69957
50	3,1457	0,78747	0,50033	1,5749	0,69905
60	3,1445	0,78684	0,50023	1,5737	0,69877
70	3,1437	0,78645	0,50017	1,5729	0,6986
80	3,1432	0,78621	0,50013	1,5724	0,69849
90	3,1429	0,78604	0,5001	1,5721	0,69842
100	3,1426	0,78592	0,50008	1,5718	0,69836
200	3,1419	0,78553	0,50002	1,5711	0,69819
300	3,1417	0,78546	0,50001	1,5709	0,69816
400	3,1417	0,78543	0,50001	1,5709	0,69815
500	3,1416	0,78542	0,5	1,5708	0,69814
32	3,1517	0,79048	0,50081	1,581	0,70038
64	3,1441	0,78666	0,5002	1,5733	0,69869
128	3,1422	0,78571	0,50005	1,5714	0,69827
256	3,1418	0,78548	0,50001	1,571	0,69817
512	3,1416	0,78542	0,5	1,5708	0,69814
1000	3,1416	0,7854	0,5	1,5708	0,69813

Simetría Mecánica

Tubos Poligonales Regulares – h_1, h_2

$$Area = Area_k \left(h_2^2 - h_1^2 \right)$$

$$I_k = MoI_k \left(h_2^4 - h_1^4 \right) \quad i_k = RadGir_k \sqrt{h_2^2 + h_1^2}$$

$$I_p = PolMoI_k \left(h_2^4 - h_1^4 \right) \quad I_{kap} = ApMoI_k \frac{(h_2 - h_1)(h_2^2 + h_1 h_2 + h_1^2)^2}{h_2 + h_1}$$

k	$Area_k$	MoI_k	$RadGir_k$	$PolMoI_k$	$ApMoI_k$
3	5,1962	2,5981	0,70711	5,1962	1,1547
4	4	1,3333	0,57735	2,6667	0,88889
5	3,6327	1,068	0,54221	2,136	0,80727
6	3,4641	0,96225	0,52705	1,9245	0,7698
7	3,371	0,9079	0,51897	1,8158	0,74912
8	3,3137	0,87581	0,5141	1,7516	0,73638
9	3,2757	0,8551	0,51092	1,7102	0,72794
10	3,2492	0,84088	0,50872	1,6818	0,72204
12	3,2154	0,82309	0,50595	1,6462	0,71453
13	3,2042	0,81727	0,50504	1,6345	0,71205
14	3,1954	0,81272	0,50432	1,6254	0,71009
15	3,1883	0,80909	0,50375	1,6182	0,70852
16	3,1826	0,80614	0,50329	1,6123	0,70724
17	3,1779	0,80372	0,5029	1,6074	0,70619
18	3,1739	0,80169	0,50258	1,6034	0,70531
19	3,1705	0,79999	0,50232	1,6	0,70456
20	3,1677	0,79854	0,50209	1,5971	0,70393
30	3,1531	0,79118	0,50092	1,5824	0,70069
40	3,1481	0,78864	0,50052	1,5773	0,69957
50	3,1457	0,78747	0,50033	1,5749	0,69905
60	3,1445	0,78684	0,50023	1,5737	0,69877
70	3,1437	0,78645	0,50017	1,5729	0,6986
80	3,1432	0,78621	0,50013	1,5724	0,69849
90	3,1429	0,78604	0,5001	1,5721	0,69842
100	3,1426	0,78592	0,50008	1,5718	0,69836
200	3,1419	0,78553	0,50002	1,5711	0,69819
300	3,1417	0,78546	0,50001	1,5709	0,69816
400	3,1417	0,78543	0,50001	1,5709	0,69815
500	3,1416	0,78542	0,5	1,5708	0,69814
32	3,1517	0,79048	0,50081	1,581	0,70038
64	3,1441	0,78666	0,5002	1,5733	0,69869
128	3,1422	0,78571	0,50005	1,5714	0,69827
256	3,1418	0,78548	0,50001	1,571	0,69817
512	3,1416	0,78542	0,5	1,5708	0,69814
1000	3,1416	0,7854	0,5	1,5708	0,69813

Simetría Mecánica

Tubos Poligonales Regulares – R_1, R_2

$$Area = Area_k \left(R_2^2 - R_1^2 \right)$$

$$I_k = MoI_k \left(R_2^4 - R_1^4 \right) \quad i_k = RadGir_k \sqrt{R_2^2 + R_1^2}$$

$$I_p = PolMoI_k \left(R_2^4 - R_1^4 \right) \quad I_{kap} = ApMoI_k \frac{(R_2 - R_1)\left(R_2^2 + R_1 R_2 + R_1^2 \right)^2}{R_2 + R_1}$$

k	$Area_k$	MoI_k	$RadGir_k$	$PolMoI_k$	$ApMoI_k$
3	1,299	0,16238	0,35355	0,32476	0,072169
4	2	0,33333	0,40825	0,66667	0,22222
5	2,3776	0,4575	0,43865	0,915	0,34582
6	2,5981	0,54127	0,45644	1,0825	0,43301
7	2,7364	0,59825	0,46757	1,1965	0,49361
8	2,8284	0,63807	0,47497	1,2761	0,53649
9	2,8925	0,66674	0,48011	1,3335	0,5676
10	2,9389	0,68796	0,48382	1,3759	0,59073
12	3	0,71651	0,48871	1,433	0,62201
13	3,0207	0,72634	0,49036	1,4527	0,63282
14	3,0372	0,73423	0,49168	1,4685	0,64151
15	3,0505	0,74065	0,49274	1,4813	0,64859
16	3,0615	0,74595	0,49362	1,4919	0,65443
17	3,0706	0,75036	0,49434	1,5007	0,65931
18	3,0782	0,75408	0,49495	1,5082	0,66341
19	3,0846	0,75723	0,49546	1,5145	0,66691
20	3,0902	0,75994	0,4959	1,5199	0,6699
30	3,1187	0,77399	0,49818	1,548	0,68547
40	3,1287	0,77896	0,49897	1,5579	0,69098
50	3,1333	0,78127	0,49934	1,5625	0,69355
60	3,1359	0,78253	0,49954	1,5651	0,69495
70	3,1374	0,78329	0,49966	1,5666	0,69579
80	3,1384	0,78378	0,49974	1,5676	0,69634
90	3,139	0,78412	0,4998	1,5682	0,69672
100	3,1395	0,78437	0,49984	1,5687	0,69698
200	3,1411	0,78514	0,49996	1,5703	0,69784
300	3,1414	0,78528	0,49998	1,5706	0,698
400	3,1415	0,78533	0,49999	1,5707	0,69806
500	3,1415	0,78536	0,49999	1,5707	0,69809
32	3,1214	0,77536	0,4984	1,5507	0,68699
64	3,1365	0,78288	0,4996	1,5658	0,69533
128	3,1403	0,78477	0,4999	1,5695	0,69743
256	3,1413	0,78524	0,49997	1,5705	0,69796
512	3,1415	0,78536	0,49999	1,5707	0,69809
1000	3,1416	0,78539	0,5	1,5708	0,69812

Tubos Poligonales Regulares – b_1, b_2

$$Area = Area_k \left(b_2^2 - b_1^2\right)$$

$$I_k = MoI_k \left(b_2^4 - b_1^4\right) \quad i_k = RadGir_k \sqrt{b_2^2 + b_1^2}$$

$$I_p = PolMoI_k \left(b_2^4 - b_1^4\right) \quad I_{kap} = ApMoI_k \frac{(b_2 - b_1)\left(b_2^2 + b_1 b_2 + b_1^2\right)^2}{b_2 + b_1}$$

k	$Area_k$	MoI_k	$RadGir_k$	$PolMoI_k$	$ApMoI_k$
3	0,433	0,018042	0,20412	0,036084	0,008019
4	1	0,083333	0,28868	0,16667	0,055556
5	1,7205	0,23955	0,37314	0,4791	0,18107
6	2,5981	0,54127	0,45644	1,0825	0,43301
7	3,6339	1,055	0,53882	2,1101	0,87051
8	4,8284	1,8595	0,62057	3,719	1,5635
9	6,1818	3,0453	0,70187	6,0906	2,5925
10	7,6942	4,7153	0,78284	9,4307	4,0489
12	11,196	9,9796	0,94411	19,959	8,6635
13	13,186	13,84	1,0245	27,68	12,058
14	15,335	18,717	1,1048	37,433	16,353
15	17,642	24,773	1,185	49,546	21,694
16	20,109	32,184	1,2651	64,369	28,236
17	22,735	41,138	1,3451	82,276	36,146
18	25,521	51,834	1,4251	103,67	45,602
19	28,465	64,483	1,5051	128,97	56,791
20	31,569	79,31	1,585	158,62	69,913
30	71,358	405,21	2,383	810,41	358,86
40	127,06	1284,8	3,1798	2569,5	1139,7
50	198,68	3141,3	3,9763	6282,6	2788,6
60	286,22	6519	4,7725	13038	5789,4
70	389,67	12083	5,5686	24166	10733
80	509,03	20620	6,3646	41240	18319
90	644,32	33036	7,1605	66072	29353
100	795,51	50360	7,9564	1,01E+05	44750
200	3182,8	8,06E+05	15,915	1,61E+06	7,17E+05
300	7161,7	4,08E+06	23,873	8,16E+06	3,63E+06
400	12732	1,29E+07	31,831	2,58E+07	1,15E+07
500	19894	3,15E+07	39,788	6,30E+07	2,80E+07
32	81,225	525,02	2,5424	1050	465,18
64	325,69	8441	5,0909	16882	7497,1
128	1303,5	1,35E+05	10,185	2,70E+05	1,20E+05
256	5214,9	2,16E+06	20,371	4,33E+06	1,92E+06
512	20860	3,46E+07	40,743	6,93E+07	3,08E+07
1000	79577	5,04E+08	79,577	1,01E+09	4,48E+08

Tubos Poligonales Regulares

Precisión $\Delta I_k = \dfrac{I_k - I_{kap}}{I_{kap}} = \Delta I_k$ en función de $\dfrac{t}{R}$

K \ t/R	0,95	0,9	0,8	0,75	0,7	0,6	0,5	0,4	0,3	0,25	0,1	0,01
3	-0,951	-0,791	-0,152	0,25	0,627	1,122	1,25	1,191	1,102	1,066	1,008	1
4	0,205	0,326	0,467	0,494	0,5	0,475	0,432	0,393	0,363	0,353	0,336	0,333
5	0,268	0,302	0,323	0,317	0,305	0,273	0,24	0,214	0,195	0,189	0,178	0,176
6	0,236	0,248	0,244	0,233	0,22	0,19	0,163	0,142	0,127	0,121	0,112	0,111
7	0,208	0,212	0,2	0,188	0,175	0,147	0,123	0,104	0,091	0,086	0,079	0,077
8	0,188	0,189	0,173	0,161	0,148	0,122	0,099	0,082	0,07	0,066	0,058	0,057
9	0,175	0,173	0,156	0,144	0,131	0,106	0,084	0,068	0,056	0,052	0,045	0,044
10	0,165	0,162	0,144	0,132	0,119	0,095	0,074	0,058	0,047	0,043	0,036	0,035
12	0,152	0,147	0,128	0,116	0,104	0,081	0,061	0,046	0,035	0,031	0,025	0,024
13	0,147	0,143	0,123	0,111	0,099	0,076	0,057	0,042	0,031	0,028	0,021	0,02
14	0,144	0,139	0,119	0,108	0,095	0,072	0,053	0,039	0,028	0,025	0,018	0,017
15	0,141	0,136	0,116	0,104	0,092	0,07	0,051	0,036	0,026	0,022	0,016	0,015
16	0,139	0,133	0,114	0,102	0,09	0,067	0,048	0,034	0,024	0,02	0,014	0,013
17	0,137	0,131	0,112	0,1	0,088	0,065	0,047	0,032	0,022	0,019	0,013	0,012
18	0,135	0,13	0,11	0,098	0,086	0,064	0,045	0,031	0,021	0,017	0,011	0,01
19	0,134	0,128	0,108	0,097	0,085	0,062	0,044	0,03	0,02	0,016	0,01	0,009
20	0,133	0,127	0,107	0,095	0,084	0,061	0,043	0,029	0,019	0,015	0,009	0,008
30	0,127	0,121	0,101	0,089	0,077	0,056	0,037	0,024	0,014	0,01	0,005	0,004
40	0,125	0,119	0,099	0,087	0,075	0,054	0,036	0,022	0,012	0,009	0,003	0,002
50	0,124	0,118	0,098	0,086	0,074	0,053	0,035	0,021	0,011	0,008	0,002	0,001
60	0,124	0,117	0,097	0,085	0,074	0,052	0,034	0,021	0,011	0,008	0,002	0,001
70	0,123	0,117	0,097	0,085	0,073	0,052	0,034	0,02	0,011	0,007	0,002	0,001
80	0,123	0,117	0,096	0,085	0,073	0,052	0,034	0,02	0,011	0,007	0,001	0,001
90	0,123	0,116	0,096	0,085	0,073	0,052	0,034	0,02	0,01	0,007	0,001	<0,001
100	0,123	0,116	0,096	0,085	0,073	0,051	0,034	0,02	0,01	0,007	0,001	<0,001
200	0,123	0,116	0,096	0,084	0,073	0,051	0,033	0,02	0,01	0,007	0,001	<0,001
300	0,123	0,116	0,096	0,084	0,073	0,051	0,033	0,02	0,01	0,007	0,001	<0,001
400	0,122	0,116	0,096	0,084	0,073	0,051	0,033	0,02	0,01	0,007	0,001	<0,001
500	0,122	0,116	0,096	0,084	0,073	0,051	0,033	0,02	0,01	0,007	0,001	<0,001
32	0,127	0,12	0,1	0,089	0,077	0,055	0,037	0,023	0,013	0,01	0,004	0,003
64	0,123	0,117	0,097	0,085	0,074	0,052	0,034	0,02	0,011	0,007	0,002	0,001
128	0,123	0,116	0,096	0,084	0,073	0,051	0,033	0,02	0,01	0,007	0,001	<0,001
256	0,123	0,116	0,096	0,084	0,073	0,051	0,033	0,02	0,01	0,007	0,001	<0,001
512	0,122	0,116	0,096	0,084	0,073	0,051	0,033	0,02	0,01	0,007	0,001	<0,001
1000	0,122	0,116	0,096	0,084	0,073	0,051	0,033	0,02	0,01	0,007	0,001	<0,001

Simetría Mecánica

6.4 Estrellas Poligonales Regulares

Simetría Mecánica

Area	Estrellas Poligonales Regulares
bhk	$I_{xy}=0 \Rightarrow I_u = I_v = I_x = I_y = I_k$
$2R^2 k \cos\frac{\pi}{k}\sin\frac{\pi}{k}$	$i_{xy}=0 \Rightarrow i_u = i_v = i_x = i_y = i_k$
$\frac{1}{2}kRp^2 \tan\frac{\pi}{k}$	
$\dfrac{b^2 k}{2\tan\frac{\pi}{k}}$	

$\mathbf{I_k}$	
$\left(\frac{7}{12}bh^3 + \frac{1}{48}b^3 h\right)k$	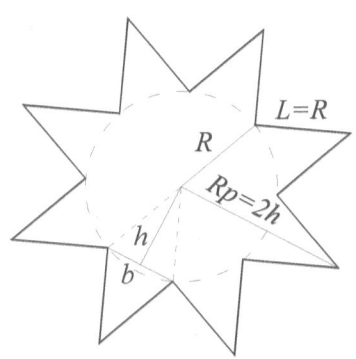
$\frac{1}{6}\cos\frac{\pi}{k}\sin\frac{\pi}{k}\left(\sin^2\frac{\pi}{k} + 7\cos^2\frac{\pi}{k}\right)kR^4$	
$\dfrac{\left(1+6\cos^2\frac{\pi}{k}\right)\sin\frac{\pi}{k}}{96\cos^3\frac{\pi}{k}}kR_p^4$	
$\dfrac{\left(7\cos\frac{\pi}{k} - 6\cos\frac{\pi}{k}\sin^2\frac{\pi}{k}\right)}{96\sin^3\frac{\pi}{k}}kb^4$	

$L=R$, $Rp=2h$

$\mathbf{i_k}$	$\mathbf{I_p = I_0}$
$\sqrt{\dfrac{28h^2 + b^2}{48}}$	$\dfrac{bh(28h^2+b^2)k}{24}$
$\sqrt{\dfrac{\sin^2\frac{\pi}{k}+7\cos^2\frac{\pi}{k}}{12}}\,R$	$\dfrac{\cos\frac{\pi}{k}\sin\frac{\pi}{k}\left(\sin^2\frac{\pi}{k}+7\cos^2\frac{\pi}{k}\right)kR^4}{3}$
$\sqrt{\dfrac{\tan^2\frac{\pi}{k}+7}{48}}\,R_p$	$\dfrac{\tan\frac{\pi}{k}\left(7+\tan^2\frac{\pi}{k}\right)kR_p^4}{48}$
$\sqrt{\dfrac{\tan^2\frac{\pi}{k}+7}{48\tan\frac{\pi}{k}}}\,b$	$\dfrac{\left(7+\tan^2\frac{\pi}{k}\right)}{48\tan^3\frac{\pi}{k}}kb^4$

Aproximado

ΔI_k	$\mathbf{I_{kap}}$
	$0.5bh^3 k$
$\dfrac{1}{6}+\dfrac{b^2}{24h^2}$	$kR^4\cos^3\frac{\pi}{k}\sin\frac{\pi}{k}$
	$kR_p^4 \frac{1}{16}\tan\frac{\pi}{k}$
$\dfrac{1}{6}\left(1+\tan^2\frac{\pi}{k}\right)$	$\dfrac{kb^4}{16\tan^3\frac{\pi}{k}}$

Area	Estrella Octogonal Regular
$5.65685R^2$	
$1.65685R_p^2$	$I_{xy}=0 \Rightarrow I_u = I_v = I_x = I_y = I_k$
$9.65685b^2$	$i_{xy}=0 \Rightarrow i_u = i_v = i_x = i_y = i_k$

I_k	
$2.88562R^4$	
$0.2475R_p^4$	$L=R$, R, $Rp=2h$, h, b
$8.40931b^4$	

i_k	$I_p = I_0$
$0.7142R$	$5.77124R^4$
$0.3865R_p$	$0.4951R_p^4$
$0.9332b$	$16.8186b^4$

Aproximado	
ΔI_k	I_{kap}
0.1953	$2.41421R^4$
	$0.2071R_p^4$
	$7.03553b^4$

Estrellas Poligonales Regulares – R

$$Area = R^2 Area_k \quad I_k = R^4 MoI_k \quad i_k = R \cdot RadGir_k$$
$$I_p = R^4 PolMoI_k \quad I_{kap} = R^4 ApMoI_k$$

k	$Area_k$	MoI_k	$RadGir_k$	$PolMoI_k$	$ApMoI_k$	ApMoI Err
3	2,5981	0,54127	0,45644	1,0825	0,32476	66,7%
4	4	1,3333	0,57735	2,6667	1	33,3%
5	4,7553	1,9525	0,64077	3,9049	1,5562	25,5%
6	5,1962	2,3816	0,677	4,7631	1,9486	22,2%
7	5,4728	2,6773	0,69943	5,3547	2,2213	20,5%
8	5,6569	2,8856	0,71422	5,7712	2,4142	19,5%
9	5,7851	3,0363	0,72446	6,0725	2,5542	18,9%
10	5,8779	3,1481	0,73184	6,2962	2,6583	18,4%
12	6	3,299	0,74151	6,5981	2,799	17,9%
13	6,0414	3,3511	0,74478	6,7023	2,8477	17,7%
14	6,0744	3,393	0,74738	6,786	2,8868	17,5%
15	6,101	3,4271	0,74948	6,8542	2,9187	17,4%
16	6,1229	3,4552	0,7512	6,9104	2,9449	17,3%
17	6,1411	3,4786	0,75263	6,9573	2,9669	17,2%
18	6,1564	3,4984	0,75383	6,9968	2,9854	17,2%
19	6,1693	3,5152	0,75484	7,0304	3,0011	17,1%
20	6,1803	3,5296	0,75571	7,0592	3,0145	17,1%
30	6,2374	3,6044	0,76018	7,2088	3,0846	16,9%
40	6,2574	3,6309	0,76174	7,2618	3,1094	16,8%
50	6,2667	3,6432	0,76247	7,2864	3,121	16,7%
60	6,2717	3,6499	0,76287	7,2998	3,1273	16,7%
70	6,2748	3,654	0,7631	7,3079	3,1311	16,7%
80	6,2767	3,6566	0,76326	7,3132	3,1335	16,7%
90	6,2781	3,6584	0,76336	7,3168	3,1352	16,7%
100	6,2791	3,6597	0,76344	7,3194	3,1364	16,7%
200	6,2822	3,6638	0,76368	7,3276	3,1403	16,7%
300	6,2827	3,6646	0,76373	7,3292	3,141	16,7%
400	6,2829	3,6648	0,76374	7,3297	3,1413	16,7%
500	6,283	3,665	0,76375	7,3299	3,1414	16,7%
32	6,2429	3,6117	0,76061	7,2234	3,0915	16,8%
64	6,2731	3,6518	0,76297	7,3035	3,129	16,7%
128	6,2807	3,6618	0,76357	7,3237	3,1384	16,7%
256	6,2826	3,6644	0,76371	7,3287	3,1408	16,7%
512	6,283	3,665	0,76375	7,33	3,1414	16,7%
1000	6,2831	3,6651	0,76376	7,3303	3,1415	16,7%

Estrellas Poligonales Regulares – R_p

$$Area = R_p^2 Area_k \quad I_k = R_p^4 MoI_k$$

$$i_k = R_p RadGir_k \quad I_p = R_p^4 PolMoI_k \quad I_{kap} = R_p^4 ApMoI_k$$

k	Area$_k$	MoI$_k$	RadGir$_k$	PolMoI$_k$	ApMoI$_k$	ApMoI Err
3	2,5981	0,54127	0,45644	1,0825	0,32476	66,7%
4	2	0,33333	0,40825	0,66667	0,25	33,3%
5	1,8164	0,28486	0,39602	0,56972	0,22704	25,5%
6	1,7321	0,26462	0,39087	0,52924	0,21651	22,2%
7	1,6855	0,25395	0,38816	0,50789	0,21069	20,5%
8	1,6569	0,24755	0,38653	0,49509	0,20711	19,5%
9	1,6379	0,24338	0,38548	0,48675	0,20473	18,9%
10	1,6246	0,24049	0,38475	0,48099	0,20307	18,4%
12	1,6077	0,23686	0,38383	0,47372	0,20096	17,9%
13	1,6021	0,23567	0,38353	0,47134	0,20026	17,7%
14	1,5977	0,23473	0,3833	0,46947	0,19971	17,5%
15	1,5942	0,23398	0,38311	0,46797	0,19927	17,4%
16	1,5913	0,23338	0,38296	0,46675	0,19891	17,3%
17	1,5889	0,23288	0,38283	0,46575	0,19862	17,2%
18	1,5869	0,23246	0,38273	0,46491	0,19837	17,2%
19	1,5853	0,2321	0,38264	0,46421	0,19816	17,1%
20	1,5838	0,23181	0,38256	0,46361	0,19798	17,1%
30	1,5766	0,23028	0,38218	0,46056	0,19707	16,9%
40	1,574	0,22975	0,38205	0,4595	0,19675	16,8%
50	1,5729	0,22951	0,38199	0,45901	0,19661	16,7%
60	1,5722	0,22937	0,38196	0,45875	0,19653	16,7%
70	1,5719	0,22929	0,38194	0,45859	0,19648	16,7%
80	1,5716	0,22924	0,38192	0,45849	0,19645	16,7%
90	1,5714	0,22921	0,38191	0,45841	0,19643	16,7%
100	1,5713	0,22918	0,38191	0,45836	0,19641	16,7%
200	1,5709	0,2291	0,38189	0,4582	0,19637	16,7%
300	1,5709	0,22909	0,38188	0,45817	0,19636	16,7%
400	1,5708	0,22908	0,38188	0,45816	0,19635	16,7%
500	1,5708	0,22908	0,38188	0,45816	0,19635	16,7%
32	1,5759	0,23013	0,38215	0,46026	0,19698	16,8%
64	1,5721	0,22934	0,38195	0,45868	0,19651	16,7%
128	1,5711	0,22914	0,3819	0,45828	0,19639	16,7%
256	1,5709	0,22909	0,38189	0,45818	0,19636	16,7%
512	1,5708	0,22908	0,38188	0,45816	0,19635	16,7%
1000	1,5708	0,22908	0,38188	0,45815	0,19635	16,7%

Simetría Mecánica

Estrellas Poligonales Regulares – b

$$Area = b^2 Area_k \quad I_k = b^4 MoI_k$$
$$i_k = b \cdot RadGir_k \quad I_p = b^4 PolMoI_k \quad I_{kap} = b^4 ApMoI_k$$

k	$Area_k$	MoI_k	$RadGir_k$	$PolMoI_k$	$ApMoI_k$	ApMoI Err
3	0,86603	0,060141	0,26352	0,12028	0,036084	66,7%
4	2	0,33333	0,40825	0,66667	0,25	33,3%
5	3,441	1,0223	0,54507	2,0446	0,81483	25,5%
6	5,1962	2,3816	0,677	4,7631	1,9486	22,2%
7	7,2678	4,7216	0,80601	9,4432	3,9173	20,5%
8	9,6569	8,4093	0,93317	16,819	7,0355	19,5%
9	12,364	13,868	1,0591	27,736	11,666	18,9%
10	15,388	21,577	1,1841	43,155	18,22	18,4%
12	22,392	45,95	1,4325	91,899	38,986	17,9%
13	26,372	63,854	1,5561	127,71	54,261	17,7%
14	30,669	86,493	1,6793	172,99	73,589	17,5%
15	35,285	114,63	1,8024	229,25	97,622	17,4%
16	40,219	149,08	1,9253	298,15	127,06	17,3%
17	45,471	190,71	2,048	381,43	162,66	17,2%
18	51,042	240,47	2,1706	480,95	205,21	17,2%
19	56,93	299,34	2,293	598,68	255,56	17,1%
20	63,138	368,36	2,4154	736,72	314,61	17,1%
30	142,72	1887	3,6362	3774	1614,9	16,9%
40	254,12	5988,5	4,8544	11977	5128,5	16,8%
50	397,36	14648	6,0715	29297	12549	16,7%
60	572,43	30406	7,2882	60812	26052	16,7%
70	779,34	56366	8,5045	1,13E+05	48300	16,7%
80	1018,1	96197	9,7206	1,92E+05	82437	16,7%
90	1288,6	1,54E+05	10,937	3,08E+05	1,32E+05	16,7%
100	1591	2,35E+05	12,153	4,70E+05	2,01E+05	16,7%
200	6365,7	3,76E+06	24,31	7,52E+06	3,22E+06	16,7%
300	14323	1,90E+07	36,466	3,81E+07	1,63E+07	16,7%
400	25464	6,02E+07	48,622	1,20E+08	5,16E+07	16,7%
500	39788	1,47E+08	60,778	2,94E+08	1,26E+08	16,7%
32	162,45	2445,6	3,88	4891,2	2093,3	16,8%
64	651,37	39373	7,7747	78746	33737	16,7%
128	2607,1	6,31E+05	15,557	1,26E+06	5,41E+05	16,7%
256	10430	1,01E+07	31,117	2,02E+07	8,66E+06	16,7%
512	41721	1,62E+08	62,236	3,23E+08	1,39E+08	16,7%
1000	1,59E+05	2,35E+09	121,56	4,70E+09	2,02E+09	16,7%

Apéndices

Apéndice 1 Programas de ordenador del capítulo 2

Simetría Mecánica

Ap. 1.1 Mostrando cómo cambia el MI al rotar y trasladar.

Hemos preparado un programa llamado Steiner para ilustrar cómo el MI cambia al mover una sección. Se puede mover la sección de dos maneras, traslación y rotación, pueden usarse las flechas del teclado para mover (arriba y abajo traslación, derecha e izquierda rotación) y ver como el valor del MI cambia.

Cuando el movimiento es de traslación el valor varía sobre la "parábola de Steiner". Ambas secciones tienen la misma área, por ello la parábola es igual excepto por la ordenada en el origen.

Cuando se rotan las secciones el valor del MI varía sobre una curva senoidal para la sección rectangular y es constante para el círculo. Presionando Z se mueve la sección al ángulo 0.

Con las teclas Shift y Control combinadas con las teclas mencionadas se puede cambiar la perspectiva, para restaurar la vista inicial presione R.

Presionando B el fondo de la ventana se hará negro y pulsando W, blanco.

Juegue con el programa para comprender visualmente el MI

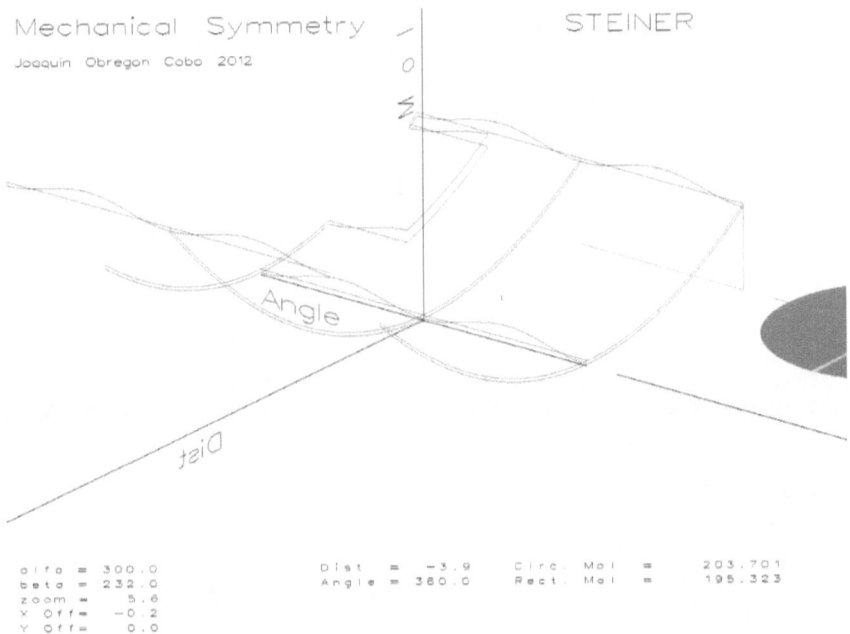

Fig. 35 Programa STEINER - Visualización de cambio en em MI (versión B&N)

Listado del código fuente (en C)

```c
/******************************************************************

   CopyRight Joaquin Obregon Cobo 2011

   Mechanical Symmetry - Sample program to illustrate MI Steiner
Theorem  and section rotation

   Disclaimer: Use at you own risk. Author does not accept
   any responsability from the use of this code.
*******************************************************************/
// Includes
#include <windows.h>
#include <gl/gl.h>
#include <math.h>

// Defines
#define NUMSECTIONS 2
#define MAXPOINTS 100000
// This "function" to clean a little source code
#define BoFontPrint( fmt , val ) \
        glTranslated( 0 , -1.5 , 0.0 ); \
        sprintf( strinfo , fmt , val ); \
        BoFontString(strinfo);

// Types
typedef struct moi_point {
        float moicir;
        float moirec;
        float dist;
        float angle;
} point;

// Function Declarations
LRESULT CALLBACK WndProc (HWND hWnd, UINT message,WPARAM
wParam, LPARAM lParam);
void EnableOpenGL (HWND hWnd, HDC *hDC, HGLRC *hRC);
void DisableOpenGL (HWND hWnd, HDC hDC, HGLRC hRC);
// Stroke Font handling
void BoFontString(const char str[]);
void BoFontFixStep(void);
void BoFontVarStep(void);
void BoFontInit(void);

// Globals
// To animate-change perspective
float alfa = 300.0;
float beta = 220.0;
float zoom =   2.4;
float xOff =   0.0;
float yOff =   0.0;
// To change section's position and orientation
```

```c
float dist = 0.0f;
float angle = M_PI;
// To define section's size
const float r = 2.0f;
// To define view
float maxMoI, maxDist, maxAngle;
float black = 0.0f;
float white = 1.0f;

// Array implemented list to hold the points as they are calculated
// We encapsulate all stack code in "push" and "destroy"
// To store moi - dist - angle
long npoints = 0;
point points[MAXPOINTS];
// We create a new point and add to the list
void *push ( float mc, float mr, float d, float a) {
    if (npoints < MAXPOINTS) {
        points[npoints].moicir = mc;
        points[npoints].moirec = mr;
        points[npoints].dist = d;
        points[npoints].angle = a;
        npoints++;
    }
    return;
}
// Sequentially go to the end drawing a line with points
void drawLineStrip (){
    long i;
    glBegin(GL_LINE_STRIP);
    glColor3f (0.8f, 0.1f , 0.1f );
    for ( i = 0 ; i < npoints ; i++ ) {
        glVertex3f ( points[i].dist ,
                     points[i].angle - M_PI ,
                     points[i].moicir/100 );
    }
    glEnd();
    glBegin(GL_LINE_STRIP);
    glColor3f (0.1f, 0.1f , 0.8f );
    for ( i = 0 ; i < npoints ; i++ ) {
        glVertex3f ( points[i].dist ,
                     points[i].angle - M_PI ,
                     points[i].moirec/100 );
    }
    glEnd();
    // And a cursor
    float maxmoi =  points[npoints-1].moicir > points[npoints-1].moirec ?
                    points[npoints-1].moicir :
points[npoints-1].moirec;
    glBegin(GL_LINES);
    glColor3f (0.6f, 0.6f , 0.6f );
```

Simetría Mecánica

```c
        glVertex3f (dist, 0.0f , 0.0f);
        glVertex3f (dist, angle - M_PI, 0.0f);
        glVertex3f (dist, 3.7f, 0.0f);
        glVertex3f (dist, 18.0f, 0.0f);
        glVertex3f (dist, angle - M_PI, 0.0f);
        glVertex3f (dist, angle - M_PI, maxmoi / 100);
        glEnd();
}
// Sequentially go to the end finding maximums
void findMax (){
        maxMoI = 1.0f;
        maxDist = 1.0f;
        maxAngle = 18; // To allow sections display
        long i;
        for ( i = 0 ; i < npoints ; i++ ) {
                if (points[i].dist > maxDist)
                        maxDist = points[i].dist;
                if (points[i].moicir > maxMoI)
                        maxMoI = points[i].moicir;
                if (points[i].moirec > maxMoI)
                        maxMoI = points[i].moirec;
        }
}
// End of array implemented list

//   Draws sections as needed
void drawSections(void)
{
    // Draw sections in dist-angle plane
    // coordinates are ( dist , angle , moi )
    float rads, inc, y, x;
    // Circle with center at (x,y)
    y = 6.0f;
    x = 0.0f + dist;
    inc = M_PI / 64;
    glBegin (GL_TRIANGLES);
    glPushMatrix();
    glTranslatef( x , y , 0.0f);
    glRotatef( angle * 180.0 / M_PI , 0.0 , 0.0 , 1.0 );
    glColor3f (0.8f, 0.8f, 0.8f );// To show rotation
    for ( rads = angle ; rads < 2.0 * M_PI + angle ;  ) {
        glVertex3f ( x , y , 0.0f );
        glVertex3f ( x + r*cos(rads),y+r*sin(rads),0.0f);
        rads += inc;
        glVertex3f ( x + r*cos(rads),y+r*sin(rads),0.0f);
        glColor3f (0.8f, 0.0f , 0.0f );
    }
    glEnd ();
    glPopMatrix();

    // Rectangle with the same area as circle and sides:
l=r , L=pi*r
```

```c
    y = 14.0f;
    glColor3f (0.1f, 0.1f , 0.8f );
    glPushMatrix();
    glTranslatef( x , y , 0.0f);
    glRotatef( angle * 180.0 / M_PI , 0.0 , 0.0 , 1.0 );
    glBegin (GL_POLYGON);
    glVertex3f ( -r/2.0 , -r * M_PI / 2.0 , 0.0f );
    glVertex3f (  r/2.0 , -r * M_PI / 2.0 , 0.0f );
    glVertex3f (  r/2.0 ,  r * M_PI / 2.0 , 0.0f );
    glVertex3f ( -r/2.0 ,  r * M_PI / 2.0 , 0.0f );
    glEnd ();
    glPopMatrix();
}

// Calculations for the sections
float circle_area (void) {
    return r * r * M_PI;
}
// If both sections have the same area Steiners parabola is the same
float rect_area (void) {
    return M_PI * r * r;
}
float circle_moi (void) {
    float moi = M_PI * r * r * r * r / 4.0f;
    float steiner = circle_area() * dist * dist;
    return moi + steiner;
}
float rect_moi (void) {
    // Principal moments bh^3 / 12
    float moi1 = r * M_PI * r * r * r / 12.0f;
    float moi2 = r * r * M_PI * r * M_PI * r * M_PI / 12.0f;
    // Moment with the rotation
    float moi = moi1 * cos(angle)*cos(angle) + moi2 * sin(angle)*sin(angle);
    float steiner = rect_area() * dist * dist;
    return moi + steiner;
}

// WinMain
int WINAPI WinMain (HINSTANCE hInstance,
                    HINSTANCE hPrevInstance,
                    LPSTR lpCmdLine,
                    int iCmdShow)
{
    WNDCLASS wc;
    HWND hWnd;
    HDC hDC;
    HGLRC hRC;
    MSG msg;
    BOOL bQuit = FALSE;
```

```
float cubo = 0.0;
char strinfo[32];// We use it with BoFontPrint macro

/* register window class */
wc.style = CS_OWNDC;
wc.lpfnWndProc = WndProc;
wc.cbClsExtra = 0;
wc.cbWndExtra = 0;
wc.hInstance = hInstance;
wc.hIcon = LoadIcon (NULL, IDI_APPLICATION);
wc.hCursor = LoadCursor (NULL, IDC_ARROW);
wc.hbrBackground=(HBRUSH)GetStockObject (BLACK_BRUSH);
wc.lpszMenuName = NULL;
wc.lpszClassName = "steiner";
RegisterClass (&wc);

/* create main window */
hWnd = CreateWindow (
  "Steiner", "Mechanical Symmetry",
  WS_CAPTION | WS_POPUPWINDOW | WS_VISIBLE,
  0, 0, 1024, 1024 ,
  NULL, NULL, hInstance, NULL);

/* enable OpenGL for the window */
EnableOpenGL (hWnd, &hDC, &hRC);
// Init Font
BoFontInit();

// Init arrays
push( circle_moi(), rect_moi(), dist, angle );

/* program main loop */
while (!bQuit)
{
    /* check for messages */
    if (PeekMessage (&msg, NULL, 0, 0, PM_REMOVE))
    {
        /* handle or dispatch messages */
        if (msg.message == WM_QUIT)
        {
            bQuit = TRUE;
        }
        else
        {
            TranslateMessage (&msg);
            DispatchMessage (&msg);
        }
        // Something happened ...
        // Prepare window
        // Clear
        glClearColor (black, black, black, 1.0f);
```

```
            glClear (GL_COLOR_BUFFER_BIT |
GL_DEPTH_BUFFER_BIT);

                // Draw content
                // Set up view
                // Set up perspective-projection
                glMatrixMode(GL_PROJECTION);
                glLoadIdentity();

                // Calculate view parameters
                findMax();
                cubo = maxDist;
                if ( cubo < maxAngle ) cubo = maxAngle;
                if ( cubo < maxMoI/100 ) cubo = maxMoI/100;
                cubo *= 2.0;
                glOrtho( -cubo , cubo , -cubo , cubo , -
cubo*4.0 , cubo*4.0 );

                // Adjust view to users/default parameters
                glTranslatef( xOff , yOff , 0.0f );
                glRotatef (alfa, 1.0f, 0.0f, 0.0f);
                glRotatef (beta, 0.0f, 0.0f, 1.0f);
                glScalef ( zoom , zoom , zoom );
                float distorsion = 1024 / 728;

                // Draw coordinate axes
                glColor3f (white, white, white);
                glBegin (GL_LINES);
                glVertex3f (0.0f, 0.0f, 0.0f);  glVertex3f
(cubo, 0.0f, 0.0f);
                glVertex3f (0.0f, -M_PI, 0.0f);  glVertex3f
(0.0f, M_PI, 0.0f);
                glVertex3f (0.0f, 3.7f, 0.0f);  glVertex3f
(0.0f, 18.0f, 0.0f);
                glVertex3f (0.0f, 0.0f, 0.0f);  glVertex3f
(0.0f, 0.0f, cubo );
                glEnd ();

                // Draw axes labels
                // Dsitance label
                BoFontVarStep();
                    float scale = 0.6f;
                  glPushMatrix();
                    glRotatef( 90, 1.0f, 0.0f , 0.0f);
                    glTranslatef( 5.0f , 0.2f , 0.0f );
                        glScalef( scale, scale*distorsion ,
1.0f);
                        BoFontPrint( "Dist", dist );
                   glPopMatrix();
                   // Angle label
                  glPushMatrix();
                    glRotatef( 90, 1.0f, 0.0f , 0.0f);
```

Simetría Mecánica

```
          glRotatef( 90, 0.0f, 1.0f , 0.0f);
          glTranslatef( -3.14f, 0.2f, 0.0f );
            glScalef( scale, scale*distorsion ,
1.0f);

            BoFontPrint( "Angle", angle/M_PI*180);
          glPopMatrix();
          // MI label
         glPushMatrix();
          glRotatef( 90, 0.0f, 1.0f , 0.0f);
          glRotatef( 90, 1.0f, 0.0f , 0.0f);
          glTranslatef( -5.0f , 0.2f, 0.0f );
             glScalef( -scale*distorsion , scale ,
1.0f);

          BoFontString("M o I");
          glPopMatrix();

          drawSections();
          drawLineStrip();

        // Draw Info
        // Display information about view angles
        // Setup View
        glClear ( GL_DEPTH_BUFFER_BIT);
        glMatrixMode(GL_PROJECTION);
        glLoadIdentity();
        // We define a view with row and column
characters coordinates
        glOrtho(0.0 , 70.0 , 0.0 , 64.0 , -0.01 , 0.01
);

        BoFontVarStep();
        glColor3f (white, white, white);
        glPushMatrix ();
           glTranslatef( 1.0 , 61.5 , 0.0 );
             glScalef( 2.5f , 2.5f , 1.0f);
          BoFontString( "Mechanical Symmetry
STEINER" );

           glTranslatef( 0.0 , -1.3 , 0.0 );
             glScalef( 0.5f , 0.5f , 1.0f);
          BoFontString( "Joaquin Obregon Cobo 2012" );
        glPopMatrix ();
        // Display info about view
        BoFontFixStep();
        glPushMatrix ();
           glTranslatef( 1.0 , 8.0 , 0.0 );
           BoFontPrint( "alfa = %5.1f" , alfa );
           BoFontPrint( "beta = %5.1f" , beta );
           BoFontPrint( "zoom = %5.1f" , zoom );
           BoFontPrint( "X Off= %5.1f" , xOff );
           BoFontPrint( "Y Off= %5.1f" , yOff );
        glPopMatrix ();
        // Display DATA
```

```
                glPushMatrix ();
                    glTranslatef( 26.0 , 8.0 , 0.0 );
                    BoFontPrint( "Dist  = %5.1f" , dist );
                    BoFontPrint( "Angle = %5.1f" , angle *
180.0f / M_PI );
                glPopMatrix ();
                glTranslatef( 42.0 , 8.0 , 0.0 );
                BoFontPrint( "Circ. MI = %10.3f" ,
circle_moi() );
                BoFontPrint( "Rect. MI = %10.3f" , rect_moi()
);

                glFlush();

                SwapBuffers(hDC);
        }
        else
        {
            // nothing to do
        }
    }

    /* shutdown OpenGL */
    DisableOpenGL (hWnd, hDC, hRC);

    /* destroy the window explicitly */
    DestroyWindow (hWnd);

    return msg.wParam;
}

/*******************
 * Window Procedure
 *
 *******************/
LRESULT CALLBACK WndProc (HWND hWnd, UINT message,
                          WPARAM wParam, LPARAM lParam)
{
    static int shifted = 0;
    static int ctrled = 0;
    switch (message)
    {
    case WM_CREATE:
        return 0;
    case WM_CLOSE:
        PostQuitMessage (0);
        return 0;

    case WM_DESTROY:
        return 0;

    case WM_KEYUP:
```

```
        switch (wParam)
        {
        case VK_SHIFT:
            shifted = 0;
            break;
        case VK_CONTROL:
            ctrled = 0;
            break;
        }
        return 0;

    case WM_KEYDOWN:
        switch (wParam)
        {
        case VK_ESCAPE:
            PostQuitMessage(0);
            break;
        case VK_SHIFT:
            shifted = 1;
            break;
        case VK_CONTROL:
            ctrled = 1;
            break;
        case 'B':
            black = 0.0f;
            white = 1.0f;
            break;
        case 'W':
            black = 1.0f;
            white = 0.0f;
            break;
        case 'R':
            alfa = 300.0;
            beta = 220.0;
            zoom =   2.4;
            xOff =   0.0;
            yOff =   0.0;
            break;
        }
        if (shifted) {
            switch (wParam)
            {
            case 'Z':
                    zoom += 0.1;
                break;
            case VK_UP:
                alfa += 2;
                alfa = alfa == 360 ? 0 : alfa;
                break;
            case VK_DOWN:
                alfa -= 2;
                alfa = alfa == -2 ? 358 : alfa;
```

```
                    break;
            case VK_LEFT:
                beta += 2;
                beta = beta == 360 ? 0 : beta;
                break;
            case VK_RIGHT:
                beta -= 2;
                beta = beta == -2 ? 358 : beta;
                break;
            }
        } else if (ctrled) {
            switch (wParam)
            {
            case 'Z':
                    zoom -= 0.1;
                    zoom = zoom < 0.1 ? 0.1 : zoom;
                break;
            case VK_UP:
                yOff += 0.1;
                break;
            case VK_DOWN:
                yOff -= 0.1;
                break;
            case VK_LEFT:
                xOff -= 0.1;
                break;
            case VK_RIGHT:
                xOff += 0.1;
                break;
            }
        } else {
            float inc;
            switch (wParam)
            {
            case 'Z':
                    for ( inc = (M_PI - angle)/50.0 ;
                        fabs(angle - M_PI) > fabs(inc) ;
                        angle += inc ) {
                        push( circle_moi(), rect_moi(), dist, angle );
                        drawLineStrip();
                    }
                    angle = M_PI;
                    push( circle_moi(), rect_moi(), dist, angle );
                break;
            case VK_DOWN:
                    dist += 0.1;
                    // Add points to graph
                    push( circle_moi(), rect_moi(), dist, angle );
                break;
```

```
                case VK_UP:
                    dist -= 0.1;
                    // Add points to graph
                    push( circle_moi(), rect_moi(), dist,
angle );
                    break;
                case VK_RIGHT:
                    angle += 0.031416;
                    angle = angle >= 2 * M_PI ? 2*M_PI :
angle;
                    // Add points to graph
                    push( circle_moi(), rect_moi(), dist,
angle );
                    break;
                case VK_LEFT:
                    angle -= 0.031416;
                    angle = angle <= 0 ? 0 : angle;
                    // Add points to graph
                    push( circle_moi(), rect_moi(), dist,
angle );
                    break;
            }
        }
            return 0;

    default:
            return DefWindowProc (hWnd, message, wParam,
lParam);
    }
}
// Enable OpenGL
void EnableOpenGL (HWND hWnd, HDC *hDC, HGLRC *hRC)
{
    PIXELFORMATDESCRIPTOR pfd;
    int iFormat;

    /* get the device context (DC) */
    *hDC = GetDC (hWnd);

    /* set the pixel format for the DC */
    ZeroMemory (&pfd, sizeof (pfd));
    pfd.nSize = sizeof (pfd);
    pfd.nVersion = 1;
    pfd.dwFlags = PFD_DRAW_TO_WINDOW |
      PFD_SUPPORT_OPENGL | PFD_DOUBLEBUFFER;
    pfd.iPixelType = PFD_TYPE_RGBA;
    pfd.cColorBits = 24;
    pfd.cDepthBits = 16;
    pfd.iLayerType = PFD_MAIN_PLANE;
    iFormat = ChoosePixelFormat (*hDC, &pfd);
    SetPixelFormat (*hDC, iFormat, &pfd);
```

```
    /* create and enable the render context (RC) */
    *hRC = wglCreateContext( *hDC );
    wglMakeCurrent( *hDC, *hRC );
    // Zbuffering
    glEnable(GL_DEPTH_TEST);

}


// Disable OpenGL
void DisableOpenGL (HWND hWnd, HDC hDC, HGLRC hRC)
{
    wglMakeCurrent (NULL, NULL);
    wglDeleteContext (hRC);
    ReleaseDC (hWnd, hDC);
}
```

Apéndice 2 Programas de ordenador del capítulo 3

Ap. 2.2 Cálculo de la suma del seno^2

BASIC

```
REM
*************************************************************
REM    CopyRight Joaquin Obregon Cobo 2011
REM    Programa ejemplo mostrando constancia en suma sen²
REM
*************************************************************
REM Constantes
LET SAMPLES = 16
LET ANGININC = 15.0
LET ANGININCRAD = 0.2617993877991494365385536152732 9
REM Encabezado de la tabla
PRINT "-------------------------- Mechanical Symmetry ----
----------------"
PRINT "                                    Sum(sin2)/k"
PRINT "      /-------------------------- Angle -----------
---------------\"
PRINT "  k  ";
FOR angIni = 0.0 TO 90.0 STEP ANGININC
   PRINT USING "######## ": angIni;
NEXT angIni
PRINT
REM Bucle FOR k de 1 a 16
REM    Bucle FOR orientation de 0 a 90 grados
REM           Bucle FOR sum para cada particula (i de 1 a k)
FOR k=1.0 TO SAMPLES STEP 1.0
   PRINT USING " ## ": k;
   REM ang Es el ángulo entre partículas
   LET ang = PI * 2.0 / k
   REM angIni Define la rotación de la sección como el
   REM           ágnulo para la primera partícula
   FOR angIni = 0.0 TO PI/2.0 STEP ANGININCRAD
      LET sum = 0.0
      FOR i=1 TO k
         REM alfa is the angle for every particle
         LET alfa = ang * i + angIni
         LET sum = sum + SIN(alfa)*SIN(alfa)
      NEXT i
      REM Ahora sum contiene la suma de sin²
      LET sum = sum / k
      PRINT USING "----%.###": sum;
   NEXT angIni
   PRINT
NEXT k
END
```

Listado de salida del programa:

```
---------------------- Mechanical Symmetry --------------------
                            Sum(sin2)/k
    /------------------------ Angle --------------------------\
 k       0       15      30      45      60      75      90
 1     0.000   0.067   0.250   0.500   0.750   0.933   1.000
 2     0.000   0.067   0.250   0.500   0.750   0.933   1.000
 3     0.500   0.500   0.500   0.500   0.500   0.500   0.500
 4     0.500   0.500   0.500   0.500   0.500   0.500   0.500
 5     0.500   0.500   0.500   0.500   0.500   0.500   0.500
 6     0.500   0.500   0.500   0.500   0.500   0.500   0.500
 7     0.500   0.500   0.500   0.500   0.500   0.500   0.500
 8     0.500   0.500   0.500   0.500   0.500   0.500   0.500
 9     0.500   0.500   0.500   0.500   0.500   0.500   0.500
10     0.500   0.500   0.500   0.500   0.500   0.500   0.500
11     0.500   0.500   0.500   0.500   0.500   0.500   0.500
12     0.500   0.500   0.500   0.500   0.500   0.500   0.500
13     0.500   0.500   0.500   0.500   0.500   0.500   0.500
14     0.500   0.500   0.500   0.500   0.500   0.500   0.500
15     0.500   0.500   0.500   0.500   0.500   0.500   0.500
16     0.500   0.500   0.500   0.500   0.500   0.500   0.500
```

C

```c
/************************************************************

    CopyRight Joaquin Obregon Cobo 2011

    Mechanical Symmetry

    Sample program to illustrate constant sum of sen2

    Disclaimer: Use at you own risk. Author does not accept
    any responsability from the use of this code.

*************************************************************/

#include <stdio.h>
#include <stdlib.h>
#include <math.h>

// Defines
#define SAMPLES 16
#define ANGININC 15.0
#define ANGININCRAD 0.26179938779914943653855361527329

int main(int argc, char *argv[])
{
    float k, angIni, alfa, ang, sum;
    // Table Header
    printf("\n------------------------ Mechanical Symmetry --------------------\n");
```

```c
    printf("Sum(sin2)/k\n\n");
    printf("\n       /-------------------------- Angle ----------------------------\\");
    printf("\n   k  ");
    for ( angIni = 0.0f ; angIni <= 90.0f ; angIni += ANGININC ) {
        printf("%9.3f", angIni );
    }
    // Loop for k from 1 to 16
    //       loop for orientation fro 0 to 90 degrees
    //             loop to sum every particle (i from 1 to k)
    for ( k=1.0f ; k<=SAMPLES ; k += 1.0f ) {
        printf("\n%3d ", (int)k );
        float angIni, alfa, ang, sum;
        // ang is the angle between particles
        ang = M_PI * 2.0f / k;
        // angIni defines the rotation of the section as the initial
        //             angle for the first particle
        for ( angIni = 0.0f ; angIni <= M_PI/2.0 ; angIni += ANGININCRAD ) {
            sum = 0.0f;
            int i;
            for ( i=1 ; i<=k ; i++) {
                // alfa is the angle for every particle
                alfa = ang * i + angIni;
                sum += sin(alfa)*sin(alfa);
            }
            // Now sum has the sum of sin2
            sum /= k;
            // Now it contains the constant sum/k (for k≥ 3)
            // And we print it
            printf("%9.3f", sum );
        }
    }

    // Uncomment to pause at finish
    //printf("\n");
    //system("PAUSE");
    return 0;
}
```

Listado de Salida

```
---------------------- Mechanical Symmetry ---------------------
                          Sum(sin2)/k


     /------------------------ Angle -----------------------\
   k    0.000   15.000   30.000   45.000   60.000   75.000   90.000
   1    0.000    0.067    0.250    0.500    0.750    0.933    1.000
   2    0.000    0.067    0.250    0.500    0.750    0.933    1.000
   3    0.500    0.500    0.500    0.500    0.500    0.500    0.500
   4    0.500    0.500    0.500    0.500    0.500    0.500    0.500
   5    0.500    0.500    0.500    0.500    0.500    0.500    0.500
   6    0.500    0.500    0.500    0.500    0.500    0.500    0.500
   7    0.500    0.500    0.500    0.500    0.500    0.500    0.500
   8    0.500    0.500    0.500    0.500    0.500    0.500    0.500
   9    0.500    0.500    0.500    0.500    0.500    0.500    0.500
  10    0.500    0.500    0.500    0.500    0.500    0.500    0.500
  11    0.500    0.500    0.500    0.500    0.500    0.500    0.500
  12    0.500    0.500    0.500    0.500    0.500    0.500    0.500
  13    0.500    0.500    0.500    0.500    0.500    0.500    0.500
  14    0.500    0.500    0.500    0.500    0.500    0.500    0.500
  15    0.500    0.500    0.500    0.500    0.500    0.500    0.500
  16    0.500    0.500    0.500    0.500    0.500    0.500    0.500
```

Hemos verificado que para $k \geq 3$ el valor es 0.5

Ap. 2.2 Dibujo de la suma del seno^2

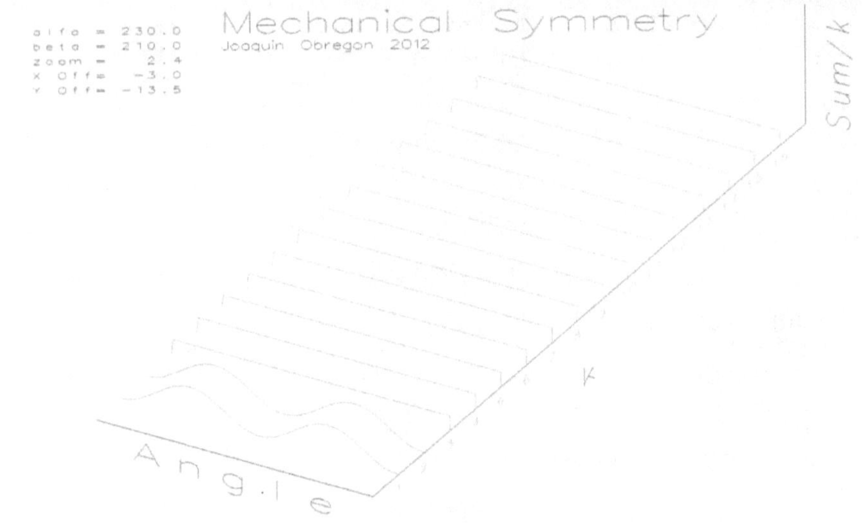

Fig. 36 Suma de sen2 (versión B&N de original color)

Puede modificar de forma interactiva la vista presentada.. Use las teclas de flechas, Z y Shift.

```
/************************************************************
    CopyRight Joaquin Obregon Cobo 2011
    Mechanical Symmetry
    Sample program to illustrate constant sum of sen2
    Disclaimer: Use at you own risk. Author does not accept
    any responsability from the use of this code.
************************************************************/

// Includes
#include <windows.h>
#include <gl/gl.h>
#include <gl/glu.h>
#include <math.h>

// Defines
#define SAMPLES 16
#define SAMPLESf 16.0f

// Function Declarations
LRESULT CALLBACK WndProc (HWND hWnd, UINT message,WPARAM wParam, LPARAM lParam);
```

```
void EnableOpenGL (HWND hWnd, HDC *hDC, HGLRC *hRC);
void DisableOpenGL (HWND hWnd, HDC hDC, HGLRC hRC);

// Globals
float alfa = 230.0;  // To animate~change perspective
float beta = 210.0;  // To animate~change perspective
float zoom =   2.4;  // To animate~change perspective
float xOff =  -3.0;  // To animate~change perspective
float yOff = -13.5;  // To animate~change perspective

// WinMain
int WINAPI WinMain (HINSTANCE hInstance, HINSTANCE hPrevInstance,
                    LPSTR lpCmdLine, int iCmdShow)
{
    WNDCLASS wc;
    HWND hWnd;
    HDC hDC;
    HGLRC hRC;
    MSG msg;
    BOOL bQuit = FALSE;

    /* register window class */
    wc.style = CS_OWNDC;
    wc.lpfnWndProc = WndProc;
    wc.cbClsExtra = 0;
    wc.cbWndExtra = 0;
    wc.hInstance = hInstance;
    wc.hIcon = LoadIcon (NULL, IDI_APPLICATION);
    wc.hCursor = LoadCursor (NULL, IDC_ARROW);
    wc.hbrBackground = (HBRUSH) GetStockObject (BLACK_BRUSH);
    wc.lpszMenuName = NULL;
    wc.lpszClassName = "Sin2 Sums";
    RegisterClass (&wc);

    /* create main window */
    hWnd = CreateWindow (
      "Sin2 Sums", "Mechanical Symmetry",
      WS_CAPTION | WS_POPUPWINDOW | WS_VISIBLE,
    // Change for a different value to get window size bigger (or smaller)
      0, 0, 1024 , 1024,
      NULL, NULL, hInstance, NULL);

    /* enable OpenGL for the window */
    EnableOpenGL (hWnd, &hDC, &hRC);

    /* program main loop */
    while (!bQuit)
    {
        /* check for messages */
```

```c
        if (PeekMessage (&msg, NULL, 0, 0, PM_REMOVE))
        {
            /* handle or dispatch messages */
            if (msg.message == WM_QUIT)
            {
                bQuit = TRUE;
            }
            else
            {
                TranslateMessage (&msg);
                DispatchMessage (&msg);
            }
            // Something Happened ...
            // Prepare window
            // Clear
            glClearColor (1.0f, 1.0f, 1.0f, 1.0f);
            glClear (GL_COLOR_BUFFER_BIT);
            glColor3f (0.0f, 0.0f, 0.0f);

            // Set up perspective-projection
            glMatrixMode(GL_PROJECTION);
            glLoadIdentity();
            glOrtho(-20.0,20.0,-17.0,17.0,-170.0,170.0);
            glClearColor (1.0f, 0.7f , 0.7f , 1.0f);

            // Draw content
            BoFontVarStep();
            glPushMatrix();
            glScalef( 2.0,2.0,1.0);
                glTranslated( -10.0 / 2.0 , 15.0 / 2.0 , 0.0
);
            BoFontString("Mechanical Symmetry");
                glTranslated( 0 , -0.5 , 0.0 );
            glScalef( 0.4,0.4,1.0);
            BoFontString("Joaquin Obregon 2012");
            glPopMatrix();

            BoFontFixStep();
                char strinfo[32];
            // Display information about view angles
            glPushMatrix();
            glScalef( 0.6,0.6,0.6);
                glTranslated( -19.0 / 0.6 , 15.0 / 0.6 , 0.0
);
            sprintf( strinfo , "alfa = %5.1f" , alfa );
            BoFontString(strinfo);
                glTranslated( 0 , -1.5 , 0.0 );
            sprintf( strinfo , "beta = %5.1f" , beta );
            BoFontString(strinfo);
                glTranslated( 0 , -1.5 , 0.0 );
            sprintf( strinfo , "zoom = %5.1f" , zoom );
            BoFontString(strinfo);
```

```
            glTranslated( 0 , -1.5 , 0.0 );
          sprintf( strinfo , "X Off= %5.1f" , xOff );
          BoFontString(strinfo);
            glTranslated( 0 , -1.5 , 0.0 );
          sprintf( strinfo , "Y Off= %5.1f" , yOff );
          BoFontString(strinfo);
          glPopMatrix();

          // Set up view
          glPushMatrix ();
          glTranslatef( xOff , yOff , 0.0f );
          glRotatef (alfa, 1.0f, 0.0f, 0.0f);
          glRotatef (beta, 0.0f, 0.0f, 1.0f);
          glScalef ( zoom , zoom , zoom );

          // Draw coordinate axes
          glBegin (GL_LINES);
            glVertex3f (0.0f, 0.0f, 0.0f);   glVertex3f
(M_PI*2, 0.0f, 0.0f);
            glVertex3f (0.0f, 0.0f, 0.0f);   glVertex3f
(0.0f, 17.0f, 0.0f);
            glVertex3f (0.0f, 17.0f, 0.0f);   glVertex3f
(0.0f, 17.0f, 4.0f);
          glEnd ();

          // Draw labels
          // Angle label
           glPushMatrix();
           glScalef( -1.0, 1.0 , 1.0);
             glRotatef( 90, 1.0f, 0.0f , 0.0f);
             glTranslated( - M_PI , -1.0f , 0.0f );
             BoFontCenter();
          BoFontString("Angle");
          BoFontLeft();
             glPopMatrix();
             // Sum/k label
           glPushMatrix();
             glRotatef( 90, 0.0f, 1.0f , 0.0f);
             glRotatef( 90, 1.0f, 0.0f , 0.0f);
             glTranslated( 0.0 , -1.0f , -17.0f );
          glScalef( -0.8 , 0.8 , 0.8 );
             BoFontString("Sum/k");
             glPopMatrix();
          // K label
          glPushMatrix();
          glRotatef( 90, 1.0f, 0.0f , 0.0f);
          glRotatef( 90, 0.0f, 1.0f , 0.0f);
          glTranslated( SAMPLESf/2.0f , -2.4f , 0.0f );
          BoFontString("k");
          glPopMatrix();

          // Here you will find the calculations
```

```
            // Loop for k from 1 to 16
            //     loop for orientation fro 0 to 2*PI
            //          loop to sum every particle (i
from 1 to k)
            BoFontCenter();
            float k;
            for ( k=1.0f ; k<=SAMPLESf ; k += 1.0f ) {
                // Some drawing steps
                glBegin (GL_LINE_STRIP);
                float color = k / SAMPLES / 1.6f;
                glColor3f (1.0f, color , 1.0f - color);
                glVertex3f (0.0f, k , 0.0f);
                float angIni, alfa, ang, sum;
                // ang is the angle between particles
                ang = M_PI * 2.0f / k;
                // angIni defines the rotation of the
section as the initial
                //       angle for the first particle
                for ( angIni = 0.0f ; angIni <= 2*M_PI ;
angIni += 0.05 ) {
                    sum = 0.0f;
                    int i;
                    for ( i=1 ; i<=k ; i++) {
                        // alfa is the angle for every
particle
                        alfa = ang * i + angIni;
                        sum += sin(alfa)*sin(alfa);
                    }
                    // Now sum has the sum of sin2
                    sum /= k;
                    // Now it contains the constant sum/k
(for k≥ 3)
                    // And we draw it
                    glVertex3f (angIni, k , sum);
                }
                glVertex3f (M_PI*2.0f, k , 0.0f);
                glEnd ();
                // K index labels
                glPushMatrix();
                glRotatef( 90, 1.0f, 0.0f , 0.0f);
                glRotatef( 90, 0.0f, 1.0f , 0.0f);
                glTranslated( k , -0.6f , 0.0f );
                glScalef( 0.4 , 0.4 , 0.4 );
                char strnum[4];
                sprintf( strnum , "%.0f" , k );
                BoFontString(strnum);
                glPopMatrix();
            }
            BoFontLeft();
            glPopMatrix ();

            SwapBuffers (hDC);
```

```
        }
        else
        {// Do nothing after nothing happened
        }
    }

    /* shutdown OpenGL */
    DisableOpenGL (hWnd, hDC, hRC);

    /* destroy the window explicitly */
    DestroyWindow (hWnd);

    return msg.wParam;
}


// Window Procedure to handle interaction with user and system
LRESULT CALLBACK WndProc (HWND hWnd, UINT message,
                         WPARAM wParam, LPARAM lParam)
{
    static int shifted = 0;
    switch (message)
    {
    case WM_CREATE:
        return 0;
    case WM_CLOSE:
        PostQuitMessage (0);
        return 0;

    case WM_DESTROY:
        return 0;

    case WM_KEYUP:
        switch (wParam)
        {
        case VK_SHIFT:
            shifted = 0;
            break;
        case 'R':
            alfa = 230.0;
            beta = 210.0;
            zoom =   2.4;
            xOff =  -3.0;
            yOff = -13.5;
            break;
        case VK_ESCAPE:
            PostQuitMessage(0);
            break;
        }
        return 0;
```

```
case WM_KEYDOWN:
    if (shifted) {
        switch (wParam)
        {
        case 'Z':
                zoom += 0.1;
            break;
        case VK_UP:
            alfa += 2;
            alfa = alfa == 360 ? 0 : alfa;
            break;
        case VK_DOWN:
            alfa -= 2;
            alfa = alfa == -2 ? 358 : alfa;
            break;
        case VK_LEFT:
            beta += 2;
            beta = beta == 360 ? 0 : beta;
            break;
        case VK_RIGHT:
            beta -= 2;
            beta = beta == -2 ? 358 : beta;
            break;
        case VK_SHIFT:
            shifted = 1;
            break;
        }
    } else {
        switch (wParam)
        {
        case 'Z':
            zoom -= 0.1;
            zoom = zoom < 0.1 ? 0.1 : zoom;
            break;
        case VK_UP:
            yOff += 0.25;
            break;
        case VK_DOWN:
            yOff -= 0.25;
            break;
        case VK_LEFT:
            xOff -= 0.25;
            break;
        case VK_RIGHT:
            xOff += 0.25;
            break;
        case VK_SHIFT:
            shifted = 1;
            break;
        }
    }
    return 0;
```

```
        default:
            return DefWindowProc (hWnd, message, wParam,
lParam);
        }
}


// Enable OpenGL
void EnableOpenGL (HWND hWnd, HDC *hDC, HGLRC *hRC)
{
    PIXELFORMATDESCRIPTOR pfd;
    int iFormat;

    /* get the device context (DC) */
    *hDC = GetDC (hWnd);

    /* set the pixel format for the DC */
    ZeroMemory (&pfd, sizeof (pfd));
    pfd.nSize = sizeof (pfd);
    pfd.nVersion = 1;
    pfd.dwFlags = PFD_DRAW_TO_WINDOW |
        PFD_SUPPORT_OPENGL | PFD_DOUBLEBUFFER;
    pfd.iPixelType = PFD_TYPE_RGBA;
    pfd.cColorBits = 24;
    pfd.cDepthBits = 16;
    pfd.iLayerType = PFD_MAIN_PLANE;
    iFormat = ChoosePixelFormat (*hDC, &pfd);
    SetPixelFormat (*hDC, iFormat, &pfd);

    /* create and enable the render context (RC) */
    *hRC = wglCreateContext( *hDC );
    wglMakeCurrent( *hDC, *hRC );

}

// Disable OpenGL
void DisableOpenGL (HWND hWnd, HDC hDC, HGLRC hRC)
{
    wglMakeCurrent (NULL, NULL);
    wglDeleteContext (hRC);
    ReleaseDC (hWnd, hDC);
}
```

Ap. 2.3 Comparación entre MI

Este programa muestra la diferencia entre el MI calculado por diferentes métodos:
- Fórmula exacta para secciones con Simetría Mecánica
- Fórmula aproximada para sistemas MS
- Suma de cada partícula (Steiner)

BASIC

```
REM
*************************************************************
REM     CopyRight Joaquin Obregon Cobo 2011
REM     Mechanical Symmetry
REM     Sample PROGRAM TO illustrate constant sum OF sen2
REM     Disclaimer: USE AT you own risk. Author does NOT
REM     accept any responsability from the USE OF this code.
*************************************************************

REM INPUT ALL DATA
INPUT   PROMPT "Number of particles? " : k
INPUT   PROMPT "Particles radius? " : particleRadius
INPUT   PROMPT "Circle radius? " : circleRadius

REM PRINT PARTICLE'S VALUES
PRINT
LET an = PI *particleRadius*particleRadius
PRINT USING "Area of Particle = ##########.##" : an

LET I_n = an*particleRadius*particleRadius/4
PRINT USING "MI of Particle   = ##########.##" : I_n

REM PRINT SET OF PARTICLES VALUES
LET IkExact = k * ( I_n + (an * circleRadius *
circleRadius / 2))
PRINT USING "Exact MI         = ##########.##" : IkExact

LET Ik = k * an * circleRadius * circleRadius / 2
PRINT USING "Approx MI        = ##########.##" : Ik

REM alfaInc IS THE ANGLE BETWEEN PARTICLES
LET alfaInc = (2.0 / k) * PI
LET IkSum = 0.0
REM SUM ALL THE PARTICLES
FOR i=0 TO k
    REM alfa IS THE ANGLE FOR EACH PARTICLE
    LET alfa = alfaInc * i
    REM dist IS THE DISTANCE FROM PARTICLE TO AXIS
    LET dist = circleRadius * SIN(alfa)
    REM STEINER
```

```
    LET IkSum = IkSum + I_n + an * dist * dist
NEXT i
PRINT USING "MI from sum     = ##########.##" : IkSum
PRINT

REM CALCULATE DIFFERENCE EXACT - APPROXIMATE
LET diff = IkExact - Ik
LET perthousand = diff / IkExact * 1000.0
PRINT USING "Error Approx     = ##########.##" : diff
PRINT USING "        Deviation = (0/00)---%.##" :
perthousand

REM CALCULATE DIFFERENCE EXACT - SUMS
LET diff = IkExact - IkSum
LET perthousand = diff / IkExact * 1000.0
PRINT USING "Error Sum        = ##########.##" : diff
PRINT USING "        Deviation = (0/00)---%.##" :
perthousand
END
```

Listado de Salida

```
Number of particles? 6
Particles radius? 2
Circle radius? 100

Area of Particle =          12.57
MI of Particle   =          12.57
Exact MI         =      377066.52
Approx MI        =      376991.12
MI from sum      =      377079.08

Error Approx     =          75.40
     Deviation = (0/00)     0.20
Error Sum        =         -12.57
     Deviation = (0/00)    -0.03
```

C

```
/***********************************************************
    CopyRight Joaquin Obregon Cobo 2011
    Mechanical Symmetry
    Sample program to illustrate constant sum of sen2
    Disclaimer: Use at you own risk. Author does not accept
    any responsability from the use of this code.
***********************************************************/

// Includes
#include <stdio.h>
#include <stdlib.h>
#include <math.h>
// Action
```

```c
int main(int argc, char *argv[])
{
    int k;
    float particleRadius, circleRadius;
    // Asking for data
    printf( "Number of particles?\n");
    scanf( "%d" , &k );
    printf ("Particles radius?\n");
    scanf( "%f" , &particleRadius );
    printf ("Circle radius?\n");
    scanf( "%f" , &circleRadius );
    float an, In, Ik, IkExact, IkSum;
    // Calculating Particle's values
    // Area
    an = M_PI *particleRadius*particleRadius;
    printf ("\nArea of Particle = %.3f" , an );
    // Moment of Inertia
    In = an*particleRadius*particleRadius/4;
    printf ("\nMoI of Particle   = %.3f\n \n", In );

    // Calculating Set of particles values
    // Exact MI with Mechanical Symmetry formula
    IkExact = k * ( In + (an * circleRadius * circleRadius / 2));
    printf ("Exact MI         = %10.2f\n" , IkExact );
    // Approximate MI with Mechanical Symmetry formula
    Ik = k * an * circleRadius * circleRadius / 2;
    printf ("Approx. MI       = %10.2f\n" , Ik );

    // Calculate MI with sums to compare
    // alfaInc is the angle between particles
    float alfaInc = 2 * M_PI / k;
    IkSum = 0.0;
    int i;
    for ( i=0; i<k ; i++ ) {
        // alfa is the angle for each particle
        float alfa = alfaInc * i;
        // distance from particle to axis
        float dist = circleRadius * sin(alfa);
        // Steiner
        IkSum += In + an * dist * dist;
    }
    printf ("MI from sum      = %10.2f\n \n", IkSum );
    // Calculate difference Exact-Approximate
    float diff, percent;
    diff = IkExact - Ik;
    percent = diff / IkExact * 1000.0;
    printf ("Error Approx.    = %10.2f \n Deviation(0/00)= %10.2f\n",diff,percent);
    // Calculate difference Exact-Sums
    diff = IkExact - IkSum;
    percent = diff / IkExact * 1000.0;
```

```
      printf ("Error Sum           = %10.2f \n
Deviation(0/00)= %10.2f\n",diff,percent);
      // Comment to eliminate pause at finish
      system("PAUSE");
      return 0;
}
```

Listado de Salida

```
Number of particles?
6
Particles radius?
2
Circle radius?
100

Area of Particle = 12.566
MI of Particle   = 12.566

Exact MI         =   377066.53
Approx. MI       =   376991.13
MI from sum      =   377066.56

Error Approx.    =       75.41
   Deviation(0/00)=      0.20
Error Sum        =       -0.03
   Deviation(0/00)=     -0.00
```

La salida de resultados confirma que el valor obtenido de la fórmula y con sumas es el mismo, confirmando la validez de la fórmula. Dependiendo del compilador y la CPU usados el error numérico (Error Sum) puede variar.

Ap. 2.4 Comparación entre valores de MI - Tabla

Este programa muestra la diferencia entre el MI calculado por diferentes métodos:
- Fórmula exacta para secciones con Simetría Mecánica
- Fórmula aproximada para sistemas MS
- Suma de cada partícula (Steiner)

El sistema de partículas es un conjunto de dieciséis círculos, dispuestos sobre una circunferencia.

El diámetro de las partículas toma los valores: 8, 10, 12, 16, 20, 25, 32, 40 y 50; que en milímetros corresponden con los valores habituales en Europa para las armaduras de hormigón.

El diámetro del círculo sobre el que se disponen las partículas toma los valores: 20, 25, 40, 50, 60, 70, 80, 90, 100, 120, 140, 150 y 200 que en centímetros son valores típicos para el diámetro de soportes y columnas de hormigón armado.

C

```c
/************************************************************
    CopyRight Joaquin Obregon Cobo 2011
    Mechanical Symmetry
************************************************************/

// Includes
#include <stdio.h>
#include <stdlib.h>
#include <math.h>
// Defines
#define NPR 9  // Number of Particle's Radius
#define NCR 13 // Number of Circle's Radius
// Action
int main(int argc, char *argv[])
{
    // k has no influence on this calculations - we set it to 4
    int k=4;
    // We are working in cm
    float particleRadius[NPR]={0.4,0.5,0.6,0.8,1.0,1.25,1.6,2.0,2.5};
    float circleRadius[NCR]={10,12.5,20,25,30,35,40,45,50,60,70,75,100};
    float an, In, Ik, IkExact, IkSum;
    int p;
    // First, Particle Data
    // Diameter
```

```
    printf ("\nParticle  \nDiameter  " );
    for ( p=0 ; p<NPR ; p++ ) {
        printf ("%12.3f" , particleRadius[p]*2.0 );
    }
    // Area
    printf ("\nArea        " );
    for ( p=0 ; p<NPR ; p++ ) {
        an = M_PI *particleRadius[p]*particleRadius[p];
        printf ("%12.3f" , an );
    }
    // Moment of Inertia
    printf ("\nMoI         " );
    for ( p=0 ; p<NPR ; p++ ) {
        float pr = particleRadius[p];
        In = M_PI * pr*pr*pr*pr / 4;
        printf ("%12.3f" , In );
    }
    // Then variations on circle radius
    int q;
    for ( q=0 ; q<NCR ; q++ ) {
        // For each Circle Radius we
        // Print Circle Radius
        float cr = circleRadius[q];
        printf("\n\nCircle Diam %6.3f", cr*2.0 );
        // Print Exact MI for each particle radius
        printf ("\nExact MI " );
        for ( p=0 ; p<NPR ; p++ ) {
            float pr = particleRadius[p];
            an = M_PI *pr*pr;
            In = an *pr*pr / 4;
            IkExact = k * ( In + (an * cr * cr / 2));
            printf ("%12.3f" , IkExact );
        }
        // Print Approximate MI for each particle radius
        printf ("\nApprox MI" );
        for ( p=0 ; p<NPR ; p++ ) {
            float pr = particleRadius[p];
            an = M_PI *pr*pr;
            In = an *pr*pr / 4;
            Ik = k * an * cr * cr / 2;
            printf ("%12.3f" , Ik );
        }
        // Print difference  (ExaxctMoI - SumMoI) for each
particle radius
        // Just to confirm there is no difference
        printf ("\nSumMoI Dif" );
        for ( p=0 ; p<NPR ; p++ ) {
            float pr = particleRadius[p];
            an = M_PI *pr*pr;
            In = an *pr*pr / 4;
            IkExact = k * ( In + (an * cr * cr / 2));
            float alfaInc = 2 * M_PI / k;
```

```
            IkSum = 0.0;
            int i;
            for ( i=0; i<k ; i++ ) {
                float alfa = alfaInc * i;
                float dist = cr * sin(alfa);
                IkSum += In + an * dist * dist;
            }
            printf ("%12.3f" , IkExact-IkSum );
        }
        // Print Exact - Approximate for each particle radius
        // We calculate error as difference.
        // We could have used our formula: inacuraccy = 2 * In / (an * cr * cr)
        printf ("\nExact-Appr" );
        for ( p=0 ; p<NPR ; p++ ) {
            float pr = particleRadius[p];
            an = M_PI *pr*pr;
            In = an *pr*pr / 4;
            IkExact = k * ( In + (an * cr * cr / 2));
            Ik = k * an * cr * cr / 2;
            float diff, percent;
            diff = IkExact - Ik;
            printf ("%12.3f" , diff );
        }
        // And we print also the ratio. (perthousand)
        printf ("\nDif 0/00   " );
        for ( p=0 ; p<NPR ; p++ ) {
            float pr = particleRadius[p];
            an = M_PI *pr*pr;
            In = an *pr*pr / 4;
            IkExact = k * ( In + (an * cr * cr / 2));
            Ik = k * an * cr * cr / 2;
            float diff, percent;
            diff = IkExact - Ik;
            percent = diff / IkExact * 1000.0;
            printf ("%12.3f" , percent );
        }
    }
    printf("\n");
    return 0;
}
```

Simetría Mecánica

Tabla 8 Listado de Salida - Comparación del MI para sistemas de partículas

Particle Diameter	0.800	1.000	1.200	1.600	2.000	2.500	3.200
Area	0.503	0.785	1.131	2.011	3.142	4.909	8.042
MI	0.020	0.049	0.102	0.322	0.785	1.917	5.147
Circle Diam 20.000							
Exact MI	100.611	157.276	226.602	403.411	631.460	989.418	1629.084
Approx MI	100.531	157.080	226.195	402.124	628.319	981.748	1608.495
SumMol Dif	0.000	0.000	0.000	0.000	0.000	0.000	0.000
Exact-Appr	0.080	0.196	0.407	1.287	3.142	7.670	20.589
Dif 0/00	0.799	1.248	1.797	3.190	4.975	7.752	12.638
Circle Diam 25.000							
Exact MI	157.160	245.633	353.836	629.605	984.889	1541.651	2533.863
Approx MI	157.080	245.437	353.429	628.319	981.748	1533.981	2513.274
SumMol Dif	0.000	0.000	0.000	0.000	0.000	0.000	0.000
Exact-Appr	0.080	0.196	0.407	1.287	3.142	7.670	20.589
Dif 0/00	0.512	0.799	1.151	2.044	3.190	4.975	8.125
Circle Diam 40.000							
Exact MI	402.204	628.515	905.186	1609.782	2516.416	3934.661	6454.571
Approx MI	402.124	628.319	904.779	1608.495	2513.274	3926.991	6433.982
SumMol Dif	0.000	0.000	0.000	0.000	0.000	0.000	0.000
Exact-Appr	0.080	0.196	0.407	1.287	3.142	7.670	20.589
Dif 0/00	0.200	0.312	0.450	0.799	1.248	1.949	3.190
Circle Diam 50.000							
Exact MI	628.399	981.944	1414.124	2514.561	3930.133	6143.593	10073.686
Approx MI	628.319	981.748	1413.717	2513.274	3926.991	6135.923	10053.097
SumMol Dif	0.000	0.000	0.000	0.000	0.000	0.000	0.000
Exact-Appr	0.080	0.196	0.407	1.287	3.142	7.670	20.589
Dif 0/00	0.128	0.200	0.288	0.512	0.799	1.248	2.044
Circle Diam 60.000							
Exact MI	904.859	1413.913	2036.159	3620.402	5658.008	8843.399	14497.049
Approx MI	904.779	1413.717	2035.752	3619.115	5654.867	8835.729	14476.460
SumMol Dif	0.000	0.000	0.000	0.000	0.000	0.000	0.000
Exact-Appr	0.080	0.196	0.407	1.287	3.142	7.670	20.589
Dif 0/00	0.089	0.139	0.200	0.355	0.555	0.867	1.420
Circle Diam 80.000							
Exact MI	1608.576	2513.470	3619.522	6435.269	10056.238	15715.634	25756.518
Approx MI	1608.495	2513.274	3619.115	6433.982	10053.097	15707.964	25735.928
SumMol Dif	0.000	0.000	0.000	0.000	0.000	0.000	0.000
Exact-Appr	0.080	0.196	0.407	1.287	3.142	7.670	20.590
Dif 0/00	0.050	0.078	0.113	0.200	0.312	0.488	0.799
Circle Diam 90.000							
Exact MI	2035.833	3181.059	4580.850	8144.295	12726.592	19888.061	32592.623
Approx MI	2035.752	3180.863	4580.442	8143.009	12723.450	19880.391	32572.035
SumMol Dif	0.000	0.000	0.000	0.000	0.000	0.000	0.000
Exact-Appr	0.080	0.197	0.407	1.287	3.142	7.670	20.588
Dif 0/00	0.039	0.062	0.089	0.158	0.247	0.386	0.632
Circle Diam 100.000							
Exact MI	2513.355	3927.187	5655.274	10054.384	15711.105	24551.363	40232.977
Approx MI	2513.274	3926.991	5654.867	10053.097	15707.964	24543.693	40212.387
SumMol Dif	0.000	0.000	0.000	0.000	0.000	0.000	0.000
Exact-Appr	0.081	0.196	0.407	1.287	3.142	7.670	20.590
Dif 0/00	0.032	0.050	0.072	0.128	0.200	0.312	0.512

Sigue...

...Continúa

Circle Diam 140.000							
Exact MI	4926.098	7697.099	11083.947	19705.357	30790.750	48113.309	78836.867
Approx MI	4926.018	7696.902	11083.540	19704.070	30787.609	48105.637	78816.281
SumMol Dif	0.000	0.000	0.000	0.000	0.000	0.000	0.000
Exact-Appr	0.081	0.196	0.407	1.287	3.141	7.672	20.586
Dif 0/00	0.016	0.026	0.037	0.065	0.102	0.159	0.261
Circle Diam 150.000							
Exact MI	5654.947	8835.926	12723.858	22620.756	35346.059	55230.980	90498.461
Approx MI	5654.867	8835.729	12723.451	22619.469	35342.918	55223.309	90477.875
SumMol Dif	0.000	0.000	0.000	0.000	0.000	0.000	0.000
Exact-Appr	0.080	0.196	0.407	1.287	3.141	7.672	20.586
Dif 0/00	0.014	0.022	0.032	0.057	0.089	0.139	0.227
Circle Diam 200.000							
Exact MI	10053.178	15708.160	22619.877	40213.676	62834.996	98182.445	160870.141
Approx MI	10053.097	15707.964	22619.469	40212.387	62831.855	98174.773	160849.547
SumMol Dif	0.000	0.000	0.000	0.000	0.000	0.000	0.000
Exact-Appr	0.081	0.196	0.408	1.289	3.141	7.672	20.594
Dif 0/00	0.008	0.012	0.018	0.032	0.050	0.078	0.128

Cada columna muestra los datos para un diámetro de partícula (en cm).
Las filas muestran:
- Área: Área de una partícula.
- MI: Momento de Inercia de una partícula.
- Exact MI: Momento de Inercia calculado con la fórmula exacta [b]=[5].
- Approx MI: Momento de Inercia calculado con la fórmula aproximada [a]=[6].
- SumMol Dif: Diferencia entre el "Exact MI" y el valor calculado como suma del de cada partícula.
- Exact-Appr: Diferencia entre el "Exact MI" y el "Approx MI".
- Dif 0/00: Ratio de error=(Exact-Appr)/ApproxMI, expresado en tanto por mil

Simetría Mecánica

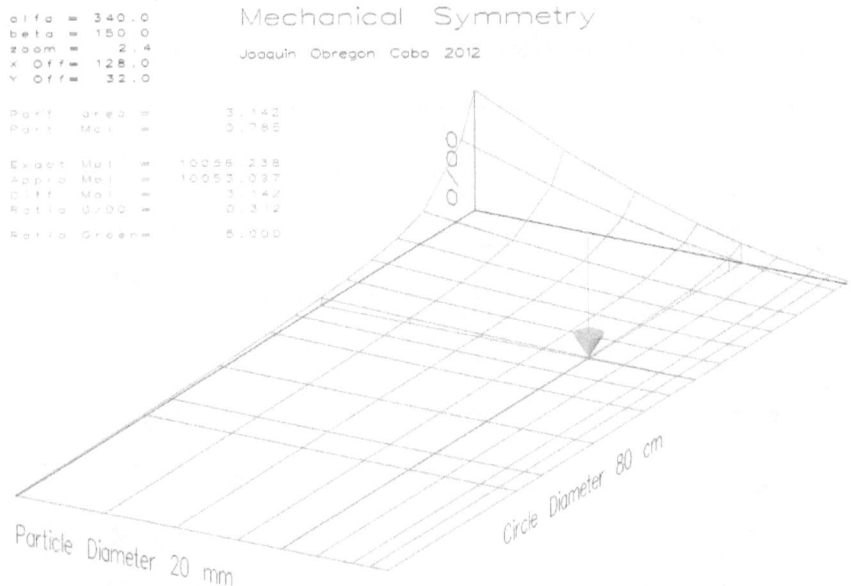

Fig. 37 Comparacion gráfica interactiva (versión B&N de original en color)

Ap. 2.5 Comparación gráfica interactiva entre MI

Este programa muestra la diferencia entre el MI calculado por diferentes métodos, para varios valores de radio de partículas y de círculo.

El sistema de partículas es un conjunto de dieciséis círculos, dispuestos sobre una circunferencia.

El diámetro de las partículas toma los valores: 8, 10, 12, 16, 20, 25, 32, 40 y 50; que en milímetros corresponden con los valores habituales en Europa para las armaduras de hormigón.

El diámetro del círculo sobre el que se disponen las partículas toma los valores: 20, 25, 40, 50, 60, 70, 80, 90, 100, 120, 140, 150 y 200 que en centímetros son valores típicos para el diámetro de columnas de hormigón armado.

Pulsando diferentes teclas:
- Flecha arriba y abajo cambian el diámetro del círculo.
- Flechas izquierda y derecha el diámetro de las partículas.
- Control+Flechas desplazan la imagen en la pantalla.
- Shift+Flechas Gira la imagen en pantalla.
- Z,z Acerca y aleja (zoom).
- Control+Z Cambia la precisión considerada aceptable (verde).
- R vuelve a la vista inicial.

- B muestra fondo negro
- W muestra fondo blanco

PartMoI_GL.c

```c
/*************************************************************
    CopyRight Joaquin Obregon Cobo 2012
    Mechanical Symmetry
    Sample program to show accuracy of approx. Formula
    Disclaimer: Use at you own risk. Author does not accept
    any responsability from the use of this code.
*************************************************************/

// Includes
#include <windows.h>
#include <gl/gl.h>
#include <math.h>

// Defines
#define SAMPLES 16
#define SAMPLESf 16.0f
#define NPR 9   // Number of Particle's Radius
#define NCR 13  // Number of Circle's Radius
// This "function" to clean a little source code
#define BoFontPrint( fmt , val ) \
        glTranslated( 0 , -1.5 , 0.0 ); \
        sprintf( strinfo , fmt , val ); \
        BoFontString(strinfo);

// Function Declarations
LRESULT CALLBACK WndProc (HWND hWnd, UINT message,
WPARAM wParam, LPARAM lParam);
void EnableOpenGL (HWND hWnd, HDC *hDC, HGLRC *hRC);
void DisableOpenGL (HWND hWnd, HDC hDC, HGLRC hRC);
// Stroke Font handling
void BoFontString(const char str[]);
void BoFontFixStep(void);
void BoFontVarStep(void);
void BoFontInit(void);

// Globals
// To animate~change perspective
float alfa = 340.0;
float beta = 150.0;
float zoom =   2.4;
float xOff = 128.0;
float yOff =  32.0;
// Cursor coordinates
int activeParticle = 4;
int activeCircle = 6;
// For Calculations
const int k=4;
static float errRatioLimit = 5.0f;
static float ratios[NPR][NCR];
static float exact[NPR][NCR];
static float approx[NPR][NCR];
static float anarray[NPR][NCR];
```

Simetría Mecánica

```c
static float inarray[NPR][NCR];
static float diffarray[NPR][NCR];
static float maxX, maxY, maxZ;
static float minX, minY, minZ;
// We are working in cm
static float
particleRadius[NPR]={0.4,0.5,0.6,0.8,1.0,1.25,1.6,2.0,2.5};
static float
circleRadius[NCR]={10,12.5,20,25,30,35,40,45,50,60,70,75,100};
// To allow black or white background choice
static float black = 0.0;
static float white = 1.0;

// Fill in an array with values
void fillTable(void)
{
    float an, In, Ik, IkExact, IkSum;
    int p,q;
    // Init maximums
    maxX = particleRadius[NPR-1]*20.0;
    minX = particleRadius[0]*20.0;
    maxY = circleRadius[NCR-1];
    minY = circleRadius[0];
    maxZ = 0.0;
    minZ = 100000000000000.0;
    // Variations on circle radius
    for ( q=0 ; q<NCR ; q++ ) {
        float cr = circleRadius [q];
        // For each Circle Radius we calculate accuracy ratio 0/00
        for ( p=0 ; p<NPR ; p++ ) {
            float pr = particleRadius[p];
            an = M_PI *pr*pr;
            In = an *pr*pr / 4;
            IkExact = k * ( In + (an * cr * cr / 2));
            Ik = k * an * cr * cr / 2;
            float diff, ratio;
            diff = IkExact - Ik;
            ratio = diff / IkExact * 1000.0;
            // Calculate max for view configuration
            pr *= 20.0;
            maxZ = maxZ < ratio ? ratio : maxZ;
            minZ = minZ > ratio ? ratio : minZ;
            // we save values to avoid recalculations
            ratios[p][q] = ratio;
            anarray[p][q] = an;
            inarray[p][q] = In;
            exact[p][q] = IkExact;
            approx[p][q] = Ik;
            diffarray[p][q] = diff;
        }
    }
}

//   Draws all data as needed
void drawTable(void)
{
    int p , q;
    float x , y , z;
    // Cursor
```

Simetría Mecánica

```
// over circle
q = activeCircle;
y = circleRadius[q];
glColor3f (0.5f, 0.5f , 0.5f );
glBegin (GL_LINES);
glVertex3f ( minX , y , 0.0f );
glVertex3f ( maxX , y, 0.0f );
for ( p=0 ; p<NPR ; p++ ) {
    x = particleRadius[p]*20.0;
    z = ratios[p][q];
    glVertex3f ( x , y , 0.0f );
    glVertex3f ( x , y , z );
}
glEnd ();
// over particle
p = activeParticle;
x = particleRadius[p]*20.0;
glBegin (GL_LINES);
glVertex3f ( x , minY , 0.0f );
glVertex3f ( x , maxY, 0.0f );
for ( q=0 ; q<NCR ; q++ ) {
    y = circleRadius[q];
    z = ratios[p][q];
    glVertex3f ( x , y , 0.0f );
    glVertex3f ( x , y , z );
}
// Arrow (in 3D is a little long)
p = activeParticle;
x = particleRadius[p]*20.0;
q = activeCircle;
y = circleRadius[q];
z = ratios[p][q];
float arrowWidth = maxZ / 20.0;
glVertex3f ( x , y , z + maxZ );
glVertex3f ( x , y , z + arrowWidth * 4.0 );
glEnd ();
float rads;
float inc = M_PI / 128;
arrowWidth = maxZ / 20.0;
//  Arrow point circle
glColor3f (0.8f, 0.8f , 0.8f );
glBegin (GL_TRIANGLES);
for ( rads = 0.0 ; rads < 2.0 * M_PI ;  ) {
    glVertex3f ( x , y , z + arrowWidth * 4.0 );
    glVertex3f ( x + arrowWidth * cos(rads)
               , y + arrowWidth * sin(rads)
               , z + arrowWidth * 4.0 );
    rads += inc;
    glVertex3f ( x + arrowWidth * cos(rads)
               , y + arrowWidth * sin(rads)
               , z + arrowWidth * 4.0 );
}
glEnd ();
// Arrow point is a cone
glBegin (GL_TRIANGLES);
inc *= 6;
for ( rads = 0.0 ; rads < 2 * M_PI ;  ) {
    float trickcolor = 0.5 + 0.3 * sin(rads);
    glColor3f (trickcolor , trickcolor , trickcolor );
```

```
            glVertex3f ( x , y , z );
            glVertex3f ( x + arrowWidth * cos(rads)
                       , y + arrowWidth * sin(rads)
                       , z + arrowWidth * 4.0 );
            rads += inc;
            glVertex3f ( x + arrowWidth * cos(rads)
                       , y + arrowWidth * sin(rads)
                       , z + arrowWidth * 4.0 );
        }
        glEnd ();

        // Data Mesh
        for ( q=0 ; q<NCR ; q++ ) {
            glBegin (GL_LINE_STRIP);
            for ( p=0 ; p<NPR ; p++ ) {
                x = particleRadius[p]*20.0;
                y = circleRadius[q];
                z = ratios[p][q];
                //if ( p == activeParticle || q == activeCircle )
glColor3f (0,0,0);
                if ( z > errRatioLimit ) glColor3f (1.0f, 0.0f , 0.0f
);
                else glColor3f (0.0f, 1.0f , 0.0f );
                glVertex3f ( x , y , z );
            }
            glEnd ();
        }
        for ( p=0 ; p<NPR ; p++ ) {
            glBegin (GL_LINE_STRIP);
            for ( q=0 ; q<NCR ; q++ ) {
                x = particleRadius[p]*20.0;
                y = circleRadius[q];
                z = ratios[p][q];
                //if ( p == activeParticle || q == activeCircle )
glColor3f (0,0,0);
                if ( z > errRatioLimit ) glColor3f (1.0f, 0.0f , 0.0f
);
                else glColor3f (0.0f, 1.0f , 0.0f );
                glVertex3f ( x , y , z );
            }
            glEnd ();
        }
}

// WinMain
int WINAPI WinMain (HINSTANCE hInstance,
                    HINSTANCE hPrevInstance,
                    LPSTR lpCmdLine,
                    int iCmdShow)
{
    WNDCLASS wc;
    HWND hWnd;
    HDC hDC;
    HGLRC hRC;
    MSG msg;
    BOOL bQuit = FALSE;

    /* register window class */
    wc.style = CS_OWNDC;
```

```
    wc.lpfnWndProc = WndProc;
    wc.cbClsExtra = 0;
    wc.cbWndExtra = 0;
    wc.hInstance = hInstance;
    wc.hIcon = LoadIcon (NULL, IDI_APPLICATION);
    wc.hCursor = LoadCursor (NULL, IDC_ARROW);
    wc.hbrBackground = (HBRUSH) GetStockObject (BLACK_BRUSH);
    wc.lpszMenuName = NULL;
    wc.lpszClassName = "Formula Accuracy";
    RegisterClass (&wc);

    /* create main window */
    hWnd = CreateWindow (
      "Formula accuracy", "Mechanical Symmetry",
      WS_CAPTION | WS_POPUPWINDOW | WS_VISIBLE,
     // Change for a different value to get window size bigger(or smaller)
      0, 0, 1430  , 850,
      NULL, NULL, hInstance, NULL);

    /* enable OpenGL for the window */
    EnableOpenGL (hWnd, &hDC, &hRC);
    // Init Font(no drama if not initializaed, but better to do it
    BoFontInit();

    // Fill Table
    fillTable ();

    /* program main loop */
    while (!bQuit)
    {
        /* check for messages */
        if (PeekMessage (&msg, NULL, 0, 0, PM_REMOVE))
        {
            /* handle or dispatch messages */
            if (msg.message == WM_QUIT)
            {
                bQuit = TRUE;
            }
            else
            {
                TranslateMessage (&msg);
                DispatchMessage (&msg);
            }

            // Something happened ...
            // Prepare window
            // Clear
            glClearColor (black, black, black, 1.0f);
            glClear (GL_COLOR_BUFFER_BIT | GL_DEPTH_BUFFER_BIT);

            // Draw Info
            // Display information about view angles
            // Setup View
            glMatrixMode(GL_PROJECTION);
            glLoadIdentity();
            // Fefine a view with row and column characters coordinates
            glOrtho(0.0 , 70.0 , 0.0 , 64.0, -1.0, 1.0);

            char strinfo[32];
```

```
            BoFontVarStep();
            glColor3f (white, white, white);
            glPushMatrix ();
                glTranslated( 20.0 , 60.0 , 0.0 );
                    glScalef( 2.0f , 2.0f , 1.0f);
                BoFontString( "Mechanical Symmetry" );
                glTranslated( 0.0 , -1.3 , 0.0 );
                    glScalef( 0.7f , 0.7f , 1.0f);
                BoFontString( "Joaquin Obregon Cobo 2012" );
            glPopMatrix ();
            BoFontFixStep();
            glTranslated( 1.0 , 63.5 , 0.0 );
            BoFontPrint( "alfa = %5.1f" , alfa );
            BoFontPrint( "beta = %5.1f" , beta );
            BoFontPrint( "zoom = %5.1f" , zoom );
            BoFontPrint( "X Off= %5.1f" , xOff );
            BoFontPrint( "Y Off= %5.1f" , yOff );
            glTranslated( 0.0 , -2.0 , 0.0 );
            if ( ratios[activeParticle][activeCircle] >
errRatioLimit )
                glColor3f (1.0f, 0.0f , 0.0f );
            else
                glColor3f (0.0f, 1.0f , 0.0f );
            BoFontPrint("Part. area =
%10.3f",anarray[activeParticle][activeCircle]);
            BoFontPrint( "Part. MI   = %10.3f" ,
inarray[activeParticle][activeCircle] );
            glTranslated( 0.0 , -2.0 , 0.0 );
            BoFontPrint( "Exact MI   = %10.3f" ,
exact[activeParticle][activeCircle] );
            BoFontPrint( "Appro MI   = %10.3f" ,
approx[activeParticle][activeCircle] );
            BoFontPrint( "Diff  MI   = %10.3f" ,
diffarray[activeParticle][activeCircle] );
            BoFontPrint( "Ratio 0/00 = %10.3f" ,
ratios[activeParticle][activeCircle] );
            glTranslated( 0.0 , -1.0 , 0.0 );
            BoFontPrint( "Ratio Green= %10.3f" , errRatioLimit );
            glFlush();

            // Draw content
            // Set up view
            // Set up perspective-projection
            glMatrixMode(GL_PROJECTION);
            glLoadIdentity();
            glOrtho(-2.0*maxX,2.0*maxX,-2.0*maxY,2.0*maxY,-
10.0*maxZ,10.0*maxZ);
            float distorsion = maxZ * 5 / maxX * 1024 / 728;

            glTranslatef( xOff , yOff , 0.0f );
            glRotatef (alfa, 1.0f, 0.0f, 0.0f);
            glRotatef (beta, 0.0f, 0.0f, 1.0f);
            glScalef ( zoom , zoom , zoom * 3 );

            // Draw coordinate axes
            glBegin (GL_LINES);
            glColor3f (white, white, white);
            glVertex3f(minX,minY,0.0f);glVertex3f(maxX,minY,0.0f);
```

```
                    glVertex3f(maxX,minY,0.0f);glVertex3f(maxX,maxY,0.0f);
                    glVertex3f(maxX,minY,0.0f);glVertex3f(maxX,minY,maxZ);
                    glEnd ();

                    // Draw axes labels
                    // Angle label
                    BoFontVarStep();
                    float scale = (maxX-minX) / 25; // 25 characters
                        glPushMatrix();
                        glRotatef( 90, 1.0f, 0.0f , 0.0f);
                        glTranslated( maxX , -1.0f , -maxY );
                                glScalef( -scale, scale*distorsion , 1.0f);
                                BoFontPrint( "Particle Diameter %.0f mm",
                            particleRadius[activeParticle] * 20.0);
                        glPopMatrix();
                        // K labels
                        glPushMatrix();
                        glRotatef( 90, 1.0f, 0.0f , 0.0f);
                        glRotatef( 90, 0.0f, 1.0f , 0.0f);
                        glTranslated( maxY-(maxY-minY)/4.0 ,-1.0f ,minX);
                                glScalef(-scale*1.4,scale*distorsion,1.0f);
                                BoFontPrint( "Circle Diameter %.0f cm",
                            circleRadius[activeCircle] * 2.0f);
                        glPopMatrix();
                        // Sum/k label
                        glPushMatrix();
                        glRotatef( 90, 0.0f, 1.0f , 0.0f);
                        glRotatef( 90, 1.0f, 0.0f , 0.0f);
                        glTranslated( 0.0f , maxX + 2.0f , -minY );
                                glScalef(-scale*distorsion , scale , 1.0f);
                        BoFontString("0/00");
                        glPopMatrix();

                        drawTable();

                    SwapBuffers (hDC);
            }
            else
            {
                // Do nothing
            }
        }

        /* shutdown OpenGL */
        DisableOpenGL (hWnd, hDC, hRC);
        /* destroy the window explicitly */
        DestroyWindow (hWnd);
        return msg.wParam;
}


// Window Procedure to handle interaction with user and system
LRESULT CALLBACK WndProc (HWND hWnd, UINT message,
                        WPARAM wParam, LPARAM lParam)
{

    static int shifted = 0;
    static int ctrled = 0;
    switch (message)
```

```
{
case WM_CREATE:
    return 0;
case WM_CLOSE:
    PostQuitMessage (0);
    return 0;

case WM_DESTROY:
    return 0;

case WM_KEYUP:
    switch (wParam)
    {
    case VK_SHIFT:
        shifted = 0;
        break;
    case VK_CONTROL:
        ctrled = 0;
        break;
    }
    return 0;

case WM_KEYDOWN:
    switch (wParam)
    {
    case VK_ESCAPE:
        PostQuitMessage(0);
        break;
    case VK_SHIFT:
        shifted = 1;
        break;
    case VK_CONTROL:
        ctrled = 1;
        break;
    case 'B':
        black = 0.0f;
        white = 1.0f;
        break;
    case 'W':
        black = 1.0f;
        white = 0.0f;
        break;
    case 'R':
        alfa = 340.0;
        beta = 150.0;
        zoom =   2.4;
        xOff = 128.0;
        yOff =  32.0;
        errRatioLimit = 5.0f;
        break;
    }
    if (shifted) {
        switch (wParam)
        {
        case 'Z':
                zoom += 0.1;
            break;
        case VK_UP:
            alfa += 2;
```

```
                    alfa = alfa == 360 ? 0 : alfa;
                    break;
                case VK_DOWN:
                    alfa -= 2;
                    alfa = alfa == -2 ? 358 : alfa;
                    break;
                case VK_LEFT:
                    beta += 2;
                    beta = beta == 360 ? 0 : beta;
                    break;
                case VK_RIGHT:
                    beta -= 2;
                    beta = beta == -2 ? 358 : beta;
                    break;
                }
            } else if (ctrled) {
                switch (wParam)
                {
                case 'Z':
                    errRatioLimit += 0.1;
                    errRatioLimit=errRatioLimit>10.1?0:errRatioLimit;
                    break;
                case VK_UP:
                    yOff += 1;
                    break;
                case VK_DOWN:
                    yOff -= 1;
                    break;
                case VK_LEFT:
                    xOff -= 1;
                    break;
                case VK_RIGHT:
                    xOff += 1;
                    break;
                }
            } else {
                switch (wParam)
                {
                case 'Z':
                        zoom -= 0.1;
                        zoom = zoom < 0.1 ? 0.1 : zoom;
                    break;
                case VK_UP:
                    activeCircle--;
                    activeCircle =activeCircle < 0 ? 0 : activeCircle;
                    break;
                case VK_DOWN:
                    activeCircle++;
                    activeCircle=activeCircle>=NCR?NCR-1:activeCircle;
                    break;
                case VK_LEFT:
                    activeParticle++;
                    activeParticle=activeParticle>=NPR?NPR-
1:activeParticle;
                    break;
                case VK_RIGHT:
                    activeParticle--;
                    activeParticle = activeParticle < 0 ? 0 :
activeParticle;
```

```
                break;
            }
        }
        return 0;

    default:
        return DefWindowProc (hWnd, message, wParam, lParam);
    }
}

// Enable OpenGL
void EnableOpenGL (HWND hWnd, HDC *hDC, HGLRC *hRC)
{
    PIXELFORMATDESCRIPTOR pfd;
    int iFormat;
    /* get the device context (DC) */
    *hDC = GetDC (hWnd);
    /* set the pixel format for the DC */
    ZeroMemory (&pfd, sizeof (pfd));
    pfd.nSize = sizeof (pfd);
    pfd.nVersion = 1;
    pfd.dwFlags = PFD_DRAW_TO_WINDOW |
        PFD_SUPPORT_OPENGL | PFD_DOUBLEBUFFER;
    pfd.iPixelType = PFD_TYPE_RGBA;
    pfd.cColorBits = 24;
    pfd.cDepthBits = 16;
    pfd.iLayerType = PFD_MAIN_PLANE;
    iFormat = ChoosePixelFormat (*hDC, &pfd);
    SetPixelFormat (*hDC, iFormat, &pfd);
    /* create and enable the render context (RC) */
    *hRC = wglCreateContext( *hDC );
    wglMakeCurrent( *hDC, *hRC );
    // Zbuffering
    //glDepthFunc(GL_LEQUAL);
    glEnable(GL_DEPTH_TEST);
    //glClearDepth(1.0);
}

// Disable OpenGL
void DisableOpenGL (HWND hWnd, HDC hDC, HGLRC hRC)
{
    wglMakeCurrent (NULL, NULL);
    wglDeleteContext (hRC);
    ReleaseDC (hWnd, hDC);
}
```

Este fichero de Mark J. Kilgard ligeramente modificado fue usado.(algunas partes se han omitido)

BoFont.c

```
/* Copyright (c) Mark J. Kilgard, 1994. */
/* Modified 2012 Joaquin Obregon */
/* This program is freely distributable without licensing fees
   and is provided without guarantee or warrantee expressed or
   implied. This program is -not- in the public domain. */
```

```c
#if defined(_WIN32)
//#include <windows.h>
#include <gl/gl.h>
#include <stdio.h>
#pragma warning (disable:4244)   /* disable bogus conversion
warnings */
#pragma warning (disable:4305)   /* VC++ 5.0 version of above
warning. */
#endif

typedef struct {
  float x;
  float y;
} CoordRec, *CoordPtr;

typedef struct {
  int num_coords;
  const CoordRec *coord;
} StrokeRec, *StrokePtr;

typedef struct {
  int num_strokes;
  const StrokeRec *stroke;
  float center;
  float right;
} StrokeCharRec, *StrokeCharPtr;

typedef struct {
  const char *name;
  int num_chars;
  const StrokeCharRec *ch;
  float top;
  float bottom;
} StrokeFontRec, *StrokeFontPtr;

typedef void *GLUTstrokeFont;

#endif /* __glutstroke_h__ */

/* GENERATED FILE -- DO NOT MODIFY */
/* char: 33 '!' */
static const CoordRec char33_stroke0[] = {
    { 13.3819, 100 },
    { 13.3819, 33.3333 },
};
static const CoordRec char33_stroke1[] = {
    { 13.3819, 9.5238 },
    { 8.62, 4.7619 },
    { 13.3819, 0 },
    { 18.1438, 4.7619 },
    { 13.3819, 9.5238 },
};
static const StrokeRec char33[] = {
   { 2, char33_stroke0 },
   { 5, char33_stroke1 },
};
.
.
.
```

```c
/* char: 127 */
static const CoordRec char127_stroke0[] = {
    { 52.381, 100 },
    { 14.2857, -33.3333 },
};
static const CoordRec char127_stroke1[] = {
    { 28.5714, 66.6667 },
    { 14.2857, 61.9048 },
    { 4.7619, 52.381 },
    .
    .
    .
    { 52.381, 61.9048 },
    { 38.0952, 66.6667 },
    { 28.5714, 66.6667 },
};
static const StrokeRec char127[] = {
    { 2, char127_stroke0 },
    { 17, char127_stroke1 },
};
static const StrokeCharRec chars[] = {
    { 0, /* char0 */ 0, 0, 0 },
    { 0, /* char1 */ 0, 0, 0 },
    { 0, /* char2 */ 0, 0, 0 },
    .
    .
    .
    { 0, /* char29 */ 0, 0, 0 },
    { 0, /* char30 */ 0, 0, 0 },
    { 0, /* char31 */ 0, 0, 0 },
    { 0, /* char32 */ 0, 52.381, 104.762 },
    { 2, char33, 13.3819, 26.6238 },
    { 2, char34, 23.0676, 51.4352 },
    { 4, char35, 36.5333, 79.4886 },
    .
    .
    .
    { 3, char125, 18.7038, 41.4695 },
    { 2, char126, 45.7771, 91.2743 },
    { 2, char127, 33.3333, 66.6667 },
};
StrokeFontRec glutStrokeRoman = { "Roman", 128, chars, 119.048, -33.3333 };

static float BoFontWid=0;
static float chrSpc=0;
static float BoFontHei=0;
static int varStep=0;// 1 paso variable - 0 paso fijo
static int centered=0;// 1 center - 0 left

void glutStrokeInit(StrokeFontRec *font)
{
   StrokeCharRec *ch;
   const StrokeRec *stroke;
   const CoordRec *coord;
   int i, j, chr, wid;

   // Init(please, just once for Font) to simplify dependencies
   if (BoFontWid == 0) {
```

```c
        for (chr=font->num_chars-1 ; chr > 0 ; chr--) {
            ch = &(font->ch[chr]);
            for (    i = ch->num_strokes,
                    stroke = ch->stroke;
                    i > 0; i--, stroke++) {
                wid = 0;
                for (    j = stroke->num_coords,
                        coord = stroke->coord;
                        j > 0; j--, coord++)
                    wid = wid < coord->x ? coord->x : wid;
                ch->right = wid;
                BoFontWid = BoFontWid < wid ? wid : BoFontWid;
            }
        }
        BoFontHei=font->top - font->bottom;
    }
    chrSpc = BoFontWid/7.0f;
}

void glutStrokeCharacter(StrokeFontRec *font, int c)
{
    const StrokeCharRec *ch;
    const StrokeRec *stroke;
    const CoordRec *coord;
    int i, j, chr;
    float hal=0.0f;

    if (c < 0 || c >= font->num_chars) return;

    // Internal init(just once) to simplify dependencies
    if (BoFontWid == 0) glutStrokeInit( &glutStrokeRoman );

    ch = &(font->ch[c]);
    if (ch) {
        //   For fix / variable witdh font
        if ( !varStep )
            glTranslatef(hal=((BoFontWid - ch->right)/2.0f), 0.0, 0.0);
        for (i = ch->num_strokes, stroke = ch->stroke; i > 0; i--, stroke++) {
            glBegin(GL_LINE_STRIP);
            for (j = stroke->num_coords, coord = stroke->coord;j > 0; j--, coord++) {
                glVertex3f(coord->x , coord->y ,0.0f);
            }
            glEnd();
        }
        if ( varStep ) glTranslatef(ch->right + chrSpc, 0.0, 0.0);
        else glTranslatef(BoFontWid - hal + chrSpc, 0.0, 0.0);
    }
}

void BoFontInit(void)
{
    glutStrokeInit( &glutStrokeRoman );
}

float BoFontStringWidth(const char str[])
{
```

```
    StrokeCharRec *ch;
    int i, j, chr , c;
    float wid=0.0f;

    if (BoFontWid == 0) BoFontInit();
    if ( varStep )
        for(chr=0 ; str[chr]!=0 ; chr++){
            c = (int) str[chr];
            if (c < 0 || c >= glutStrokeRoman.num_chars) continue;
            ch = &(glutStrokeRoman.ch[c]);
            if (ch) wid += ch->right;
        }
        else for(chr=0 ; str[chr]!=0 ; chr++) wid += BoFontWid;
        wid += chrSpc * (float)chr;
    return wid;
}

void BoFontString(const char str[])
{
    int i;
    if (BoFontWid == 0) BoFontInit();
        glPushMatrix();
        glScaled(1.0/(BoFontWid*8.0/7.0),1.0/BoFontHei,1.0);
    if (centered)
        glTranslatef( -BoFontStringWidth(str)/2.0f , 0.0, 0.0);
        for(i=0 ; str[i]!=0 ; i++)
                glutStrokeCharacter( &glutStrokeRoman , (int) str[i]);
        glPopMatrix();
}

void BoFontFixStep(void) { varStep=0; }
void BoFontVarStep(void) { varStep=1; }

void BoFontCenter(void) { centered=1; }
void BoFontLeft(void) { centered=0; }
```

Apéndice 3 Programas de ordenador del capítulo 5

Mechanical Symmetry Calcula MoI

Joaquin Obregon Cobo 2012

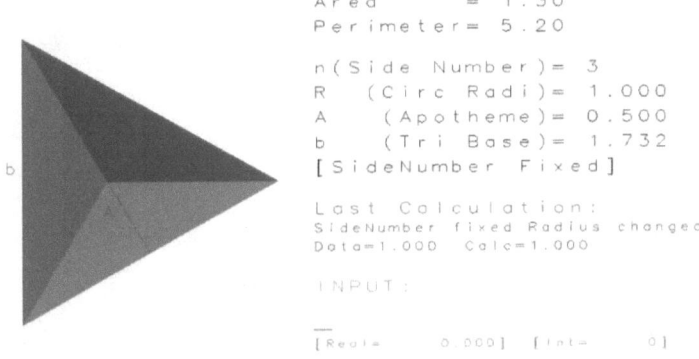

Fig. 38 Cálculo gráfico interactivo de MI de polígonos regulares (versión B&N)

Ap. 3.1 Cálculo gráfico interactivo del MI de polígonos regulares

Este programa resuelve el polígono regular en función de los datos y calcula su MI por varios métodos diferentes, así como el área, perímetro y el MI del círculo circunscrito al polígono.

Puede introducir diferentes valores para cada parámetro:

Número de lados (tecla N)

Radio del círculo circunscrito (tecla R)

Apotema del polígono (tecla A)

Lado del polígono (tecla B)

Para hacerlo teclee el valor y pulse la tecla correspondiente.

Si pulsa la tecla correspondiente a un parámetro sin teclear un valor o con valor cero, se fija ese parámetro para cálculos posteriores.

Si introduce un valor para un parámetro fijado se considera el número de lados como parámetro fijo.

Pulsando Flecha arriba y abajo altera el número de lados.

La tecla W cambia el color de fondo entre blanco y negro.

MI_Calc.c

```
/************************************************************
    CopyRight Joaquin Obregon Cobo 2012
    Mechanical Symmetry
    Sample program to illustrate MI for Polígonos Regulares
    Disclaimer: Use at you own risk. Author does not accept
    any responsability from the use of this code.
*************************************************************/
// Includes
#include <windows.h>
#include <gl/gl.h>
#include <math.h>

// Defines
// This "function" to clean a little source code
#define BoFontPrint( fmt , val ) \
        glTranslated( 0 , -1.5 , 0.0 ); \
        sprintf( strinfo , fmt , val ); \
        BoFontString(strinfo);
// Function Declarations
LRESULT CALLBACK WndProc (HWND hWnd, UINT message,WPARAM wParam,
LPARAM lParam);
void EnableOpenGL (HWND hWnd, HDC *hDC, HGLRC *hRC);
void DisableOpenGL (HWND hWnd, HDC hDC, HGLRC hRC);
// Stroke Font handling
void BoFontString(const char str[]);
void BoFontFixStep(void);
void BoFontVarStep(void);
void BoFontInit(void);

// Types
typedef enum PolParam // Polygon defining parameters
{
    Radius=0, // Ex Radius
    Apotheme, // Equals Generator triangle height
    Sides,
    base, // Generator triangle basis
} polParamType;

// Globals

// Polygon definition
float R = 1.0; // Circunscr. Radius
float apo; // Apotheme
```

```c
int n = 3; // Number of sides
float b,h; // Base and height of generator triangle
polParamType blocked = Sides; // The second parameter to calculate polygon from
char *PolParamNames[]={"Radius","Apotheme","SideNumber","Side"};

// Input/output aux var
float in_float;
#define IN_MAXFLOAT 100000.0f
int in_int;
#define IN_MAXINT 16384
#define MAX_IN 10
char in_str[MAX_IN];
char feedback_param[64], feedback_values[64];
int cursor=0;
int decimal=0; // 1--> decimal point in string , 0--> no decimal point
#define INIT_INPUT
{in_str[0]='_';in_str[0]=0;decimal=0;cursor=0;in_float=0.0F;in_int=0;}

// To define view
float black = 0.0f;
float white = 1.0f;

// Action

void drawRegularPolygon(float x, float y, float R, float n)
// Center (x,y)
// Cinscunsc Circunf Rad R
{
    float rads, inc, vy, vx, col, apo;
    int i;
    glBegin (GL_TRIANGLES);
    vy = y;
    vx = x + R;
    inc = 2 * M_PI / n;
    col = 0.6 / n;
    // Draw polygon as triangles
    for ( i = 1 ;  i <= n ; i++ ) {
        glColor3f (0.0f, col*i/2.0 , 0.3+col*i );
        glVertex3f ( x , y , -0.1f );
        glVertex3f ( vx , vy , -0.1f );
        rads = inc * i;
        vy = y + R * sin(rads);
        vx = x + R * cos(rads);
        glVertex3f ( vx , vy , -0.1f );
    }
    glEnd ();
    // Draw Radius
    glBegin (GL_LINES);
        glColor3f (white+black/2.0 , white+black/2.0 , 0.0 );
        glVertex3f ( x , y , 0.0f );
        glVertex3f ( x+R , y , 0.0f );
    glEnd ();
    glPushMatrix ();
        glTranslatef( x+R/2.4 , y+0.5 , 0.0 );
        BoFontString( "R" );
    glPopMatrix();
```

```c
    // Draw Apotheme
    glBegin (GL_LINES);
        glVertex3f ( x , y , 0.0f );
        i = (n*2)/3;
        rads = inc * (i + 0.5 );
        apo = R * cos(M_PI/n);
        vy = y + apo * sin(rads);
        vx = x + apo * cos(rads);
        glVertex3f ( vx , vy , 0.0f );
    glEnd ();
    glPushMatrix ();
        glTranslatef( (x+vx)/2.0 -1.5 , (y+vy)/2.0 , 0.0 );
        BoFontString( "A" );
    glPopMatrix();
    // Draw Side
    glBegin (GL_LINES);
        i = n/3;
        rads = inc * i;
        vy = y + R * sin(rads);
        vx = x + R * cos(rads);
        glVertex3f ( vx , vy , 0.0f );
        i++;
        rads = inc * i;
        y = y + R * sin(rads);
        x = x + R * cos(rads);
        glVertex3f ( x , y , 0.0f );
    glEnd ();
    glPushMatrix ();
        glTranslatef( (x+vx)/2.0 -1.0 , (y+vy)/2.0 +0.5 , 0.0 );
        BoFontString( "b" );
    glPopMatrix();
}


// Calculations to Solve the Polygon
int polyCalc( float param , polParamType paramType)
// Not very optimized algorithm but quite easy to follow
// Returns 0 if there was an ERROR, 1 if everything OK
{
    float _param = param;
    sprintf( feedback_param , "Calculation not feasible" );
    sprintf( feedback_values , "Incompatible Data & Constraints" );
    if ( n < 3 || param == 0 ) return( 0 ); // No zero div
    if ( paramType == Sides && param < 3.0 ) return( 0 ); // TRI minimum
    switch( blocked ){
            case Radius:
                if ( R == 0.0 ) return( 0 ); // No zero div
                switch( paramType ){
                        case Radius:
                            R = param;
                            apo = R * cos(M_PI / (float) n);
                            b = 2 * R * sin(M_PI / (float) n);
                            break;
                        case Sides:
                            n = param;
                            apo = R * cos(M_PI / (float) n);
                            b = 2 * R * sin(M_PI / (float) n);
                            break;
```

Simetría Mecánica

```
                        case Apotheme:
                            if (param >= R)return(0);// Geometry
                            // float comparison is quiet tricky
                            if(param+0.001<R*cos(M_PI/3))
return(0);
                            apo = param;
                            n = (int) (M_PI / acos(apo/R)+0.5);
                            b = 2 * R * sin(M_PI / (float) n);
                            _param=apo=R*cos(M_PI / (float) n);
                            break;
                        case base:
                            if (param >= 2 * R * sin(M_PI/3.0))
return( 0 ); // Geometry
                            b = param;
                            n = (int) (M_PI/asin(b/(2*R))+0.5);
                            _param=b=2*R*sin(M_PI / (float) n);
                            apo = R * cos(M_PI / (float) n);
                            break;
                        default:
                            return(0);// Error
                    }
                    break;
                case Apotheme:
                    switch( paramType ){
                        case Radius:
                            if ( R == 0.0 ) return( 0 );
// No zero div
                            if (apo >= param) return( 0 );
// Geometry
                            if (param > apo/cos(M_PI/3))
return(0); // Geo
                            R = param;
                            n = (M_PI / acos(apo/R))+0.5;
                            _param = R = apo / cos(M_PI /
(float) n);
                            b = 2 * apo * tan(M_PI / (float) n);
                            break;
                        case Apotheme:
                            apo = param;
                            R = apo / cos(M_PI / (float) n);
                            b = 2 * apo * tan(M_PI / (float) n);
                            break;
                        case Sides:
                            n = param;
                            R = apo / cos(M_PI / (float) n);
                            b = 2 * apo * tan(M_PI / (float) n);
                            break;
                        case base:
                            if (param>=2*apo*tan(M_PI/3)) // Geo
                                return( 0 );
                            b = param;
                            if ( apo == 0.0 ) return( 0 );
// No zero div
                            n = M_PI / atan(b/(2*apo))+0.5;
                            _param=b=2*apo*tan(M_PI/(float) n);
                            R = apo / cos(M_PI / (float) n);
                            break;
                        default:
                            return(0);// Error
```

```
                }
                break;
            case Sides:
                switch( paramType ){
                    case Radius:
                        R = param;
                        b = 2 * R * sin(M_PI / (float) n);
                        apo = R * cos(M_PI / (float) n);
                        break;
                    case Sides:
                        n = param;
                        b = 2 * R * sin(M_PI / (float) n);
                        apo = R * cos(M_PI / (float) n);
                        break;
                    case Apotheme:
                        apo = param;
                        R = apo / cos(M_PI / (float) n);
                        b = 2 * R * sin(M_PI / (float) n);
                        break;
                    case base:
                        b = param;
                        R = b / (2* sin(M_PI / (float) n) );
                        apo = R * cos(M_PI / (float) n);
                        break; ·
                    default:
                        return(0);// Error
                }
                break;
            case base:
                switch( paramType ){
                    case Radius:
                        if ( param == 0.0 ) return( 0 );   // No zero div
                        if ( param <= b/(2*sin(M_PI/3)))   // GEometry
                            return( 0 );
                        R = param;
                        n = M_PI / asin(b/(2*R))+0.5;
                        _param=R=b/(2*sin(M_PI/(float) n));
                        apo=b/(2 * tan(M_PI / (float) n));
                        break;
                    case Apotheme:
                        if ( param == 0.0 ) return( 0 );   // No zero div
                        if ( param <= b/(2*tan(M_PI/3)) )  //Geometry
                            return( 0 );
                        apo = param;
                        n = M_PI / atan(b/(2*apo))+0.5;
                        apo=b/(2 * tan(M_PI / (float) n));
                        _param=R=b/(2*sin(M_PI/(float) n));
                        break;
                    case base:
                        b = param;
                        R = b / (2 * sin(M_PI / (float) n));
                        apo=b / (2 * tan(M_PI / (float) n));
                        break;
                    case Sides:
                        n = param;
```

```c
                    R = b / (2 * sin(M_PI / (float) n));
                    apo=b / (2 * tan(M_PI / (float) n));
                    break;
                default:
                    return(0);// Error
            }
            if ( n == 0 ) return( 0 ); // No zero div
            //b = 2 * R * sin(M_PI / (float) n);
            //b = 2 * apo * tan(M_PI / (float) n);
            break;
        default:
            return(0);// Error
    }
    // Fill in the feedback with corresponding information
    sprintf( feedback_param , "%s fixed %s changed ",
                     PolParamNames[blocked] ,
PolParamNames[paramType]);
    sprintf( feedback_values , "Data=%.3f  Calc=%.3f", param ,
_param );
    return(1);
}


float poly_area () {
    return n * b * apo / 2.0;
}

float poly_moi_Exact () { // Formula from Mechanical Symmetry Book
                     // (b*h*(12*h^2+b^2)*k)/96
    return( (float)n * b * apo / 96 *(b*b + 12 * apo*apo) );
}

float poly_moi_Approx () { // Formula from Mechanical Symmetry Book
                     // (b*h^3*k)/9
    return( n * b * apo*apo*apo / 9 );
}

float poly_moi_sums () { // Sum of triangles MI. Rotation + Traslation
    int i;
    float rads, inc, // aux to iterate the polygon
          dist, // Distance from axis to the rotated center of mass
          Ixx; // What can this be?
    // Principal moments
    float Iu = (b*b*b * apo) / 48;
    float Iv = (b * apo*apo*apo) / 36;
    // Area for the basic triangle
    float area = b * apo / 2;
    // Init iteration
    rads = (inc = 2.0 * M_PI / (float)n) / 2.0;
    Ixx = 0.0;
    // Process all triangles
    for ( i = 0 ; i < n ; i++ ) {
            // Distance from axis to the rotated center of mass
        dist = apo * sin(rads) * 2.0 / 3.0;
        // Moment with the rotation and traslation
```

```
            float moi = Iu * cos(rads)*cos(rads) + Iv *
sin(rads)*sin(rads);
            float steiner = area * dist*dist;
            Ixx += moi + steiner;
            rads += inc;
        }
        return( Ixx );
}

float poly_moi_generic () { // Generic formula for CLOSED polygons
    int i;
    float rads, inc, // aux to iterate the polygon
          x0,y0,x1,y1, // coordinates of two consecutive vertex
          Ixx; // What can this be?
    // Init iteration
    inc = 2.0 * M_PI / (float)n;
    Ixx = 0.0;
    // Process all vertex    ( order change sign  )
    for ( i = 0 ;  i < n ;) {
        rads = inc * i++;
        x0 = R * cos(rads);
        y0 = R * sin(rads);
        rads = inc * i;
        x1 = R * cos(rads);
        y1 = R * sin(rads);
        Ixx -= (x1-x0)*(y1+y0)*(y1*y1+y0*y0);
    }
    return( Ixx / 12.0 );
}


// WinMain
int WINAPI WinMain (HINSTANCE hInstance,
                    HINSTANCE hPrevInstance,
                    LPSTR lpCmdLine,
                    int iCmdShow)
{
    WNDCLASS wc;
    HWND hWnd;
    HDC hDC;
    HGLRC hRC;
    MSG msg;
    BOOL bQuit = FALSE;
    float cubo = 0.0;
    char strinfo[32];// We use it with BoFontPrint macro


    /* register window class */
    wc.style = CS_OWNDC;
    wc.lpfnWndProc = WndProc;
    wc.cbClsExtra = 0;
    wc.cbWndExtra = 0;
    wc.hInstance = hInstance;
    wc.hIcon = LoadIcon (NULL, IDI_APPLICATION);
    wc.hCursor = LoadCursor (NULL, IDC_ARROW);
    wc.hbrBackground = (HBRUSH) GetStockObject (BLACK_BRUSH);
    wc.lpszMenuName = NULL;
    wc.lpszClassName = "steiner";
    RegisterClass (&wc);
```

```
    /* create main window */
    hWnd = CreateWindow (
      "Steiner", "Mechanical Symmetry",
      WS_CAPTION | WS_POPUPWINDOW | WS_VISIBLE,
      0, 0, 960, 960 ,
      NULL, NULL, hInstance, NULL);

    /* enable OpenGL for the window */
    EnableOpenGL (hWnd, &hDC, &hRC);
    // Init Font
    BoFontInit();

    // Init
    INIT_INPUT
    n=3;
    polyCalc( 1.0 , Radius );

    /* program main loop */
    while (!bQuit)
    {
        /* check for messages */
        if (PeekMessage (&msg, NULL, 0, 0, PM_REMOVE))
        {
            /* handle or dispatch messages */
            if (msg.message == WM_QUIT)
            {
                bQuit = TRUE;
            }
            else
            {
                TranslateMessage (&msg);
                DispatchMessage (&msg);
            }
            // Something happened ...
            // Prepare window
            // Clear
            glClearColor (black, black, black, 1.0f);
            glClear (GL_COLOR_BUFFER_BIT | GL_DEPTH_BUFFER_BIT);

            // Draw content
            // Set up view
            // Set up perspective~projection
            glMatrixMode(GL_PROJECTION);
            glLoadIdentity();

            // Draw Info
            // Display information
            // Setup View
            glClear ( GL_DEPTH_BUFFER_BIT);
            glMatrixMode(GL_PROJECTION);
            glLoadIdentity();
            // We define a view with row and column characters
coordinates
            glOrtho(0.0 , 50.0 , 0.0 , 50.0, -1.0 , 1.0 );

            BoFontVarStep();
            glColor3f (white, white, white);
            glPushMatrix ();
```

Simetría Mecánica

```
            glTranslatef( 1.0 , 46 , 0.0 );
                glScalef( 2.5f , 2.5f , 1.0f);
            BoFontString( "Mechanical Symmetry Calcula MI" );
            glTranslatef( 0.0 , -1.3 , 0.0 );
                glScalef( 0.5f , 0.5f , 1.0f);
            BoFontString( "Joaquin Obregon Cobo 2012" );
        glPopMatrix ();
        // Display DATA
        BoFontFixStep();
        glPushMatrix ();
            glTranslatef( 23.0 , 23.0 , 0.0 );
            BoFontPrint( "Area     = %.2f" , poly_area() );
            BoFontPrint( "Perimeter= %.2f" , n*b );
            glTranslatef( 0.0 , -1.0 , 0.0 );
            BoFontPrint( "n(Side Number)= %.1d" , n );
            BoFontPrint( "R   (Circ Radi)= %.3f" , R );
            BoFontPrint( "A    (Apotheme)= %.3f" , apo );
            BoFontPrint( "b    (Tri Base)= %.3f" , b );
            BoFontPrint( "[%s Fixed]" , PolParamNames[blocked]
);
            glTranslatef( 0.0 , -1.0 , 0.0 );
            glColor3f (white, white , black/2.0 );
            BoFontPrint("Last Calculation:", in_int);
            glScalef( 1/1.35 , 1/1.35 , 1.0 );
            BoFontPrint( "%-s" , feedback_param );
            BoFontPrint( "%-s" , feedback_values );
            glScalef( 1.35 , 1.35 , 1.0 );
            glTranslatef( 0.0 , -1.0 , 0.0 );
            glColor3f (0.0, 1.0 , 0.0 );
            BoFontPrint("INPUT:", in_int);
            glScalef( 1.35 , 1.35 , 1.0 );
            BoFontPrint( "%-s_" , in_str );
            glTranslatef( 0.0 , -1.0 , 0.0 );
            glScalef( 0.5 , 0.5 , 1.0 );
            sprintf( strinfo, "[Real=%10.3f]    [Int=%6.1d]" ,
in_float, in_int );
            BoFontString( strinfo );
        glPopMatrix ();
        glPushMatrix ();
            // Print MI values
            glColor3f (white, white , white );
            glTranslatef( 2.0 , 42.0 , 0.0 );
            glScalef( 1.5 , 1.5 , 1.0 );
            BoFontPrint( "M o I" , 0 );
            glTranslatef( 0.0 , -0.50 , 0.0 );
            float Iex = poly_moi_Exact();
            float Iap =   poly_moi_Approx();
            float Isu =   poly_moi_sums();
            float Ige =   poly_moi_generic();
            float Ici =   M_PI * R*R*R*R / 4.0;
            BoFontPrint( "Exact   = %.3f" , Iex );
            glTranslatef( 0.0 , -0.250 , 0.0 );
            BoFontPrint( "Approx = %.3f" , Iap );
            glTranslatef( 0.0 , -0.250 , 0.0 );
            BoFontPrint( "Sums    = %.3f" , Isu );
            glTranslatef( 0.0 , -0.250 , 0.0 );
            BoFontPrint( "Generic= %.3f" , Ige );
            glTranslatef( 0.0 , -1.0 , 0.0 );
            BoFontPrint( "Circle = %.3f" , Ici );
```

```
            glPopMatrix ();
            BoFontVarStep();
            glPushMatrix ();
                // Print deviations/errors
                glColor3f (0.4, 0.4 , 0.4 );
                glTranslatef( 2 , 41.7 , 0.0 );
                glScalef( 1.5/2 , 1.5/2 , 1.0 );
                BoFontPrint( " " , 0 );
                BoFontPrint( " " , 0 );
                glTranslatef( 0.0 , -0.40 , 0.0 );
                BoFontPrint( "(Exact-Exact)/Exact ~ %.1f%%" , 0.0
);
                BoFontPrint( "" /*" %.3f"*/ , 0.0 );
                glTranslatef( 0.0 , -0.50 , 0.0 );
                BoFontPrint( "(Exact-Approx)/Approx ~
%.1f%%",fabs(Iex-Iap)/Iap*100.0 );
                BoFontPrint( "" /*" %.3f"*/ , (Iex-Iap) );
                glTranslatef( 0.0 , -0.50 , 0.0 );
                BoFontPrint( "(Exact-Sums)/Sums ~ %.1f%%" ,
fabs(Iex-Isu)/Isu * 100.0 );
                BoFontPrint( "" /*" %.3f"*/ , (Iex-Isu) );
                glTranslatef( 0.0 , -0.50 , 0.0 );
                BoFontPrint( "(Exact-Generic)/Generic ~
%.1f%%",fabs(Iex-Ige)/Ige*100.0 );
                BoFontPrint( "" /*" %.3f"*/ , (Iex-Ige) );
                glTranslatef( 0.0 , -2.0 , 0.0 );
                BoFontPrint( "(Exact-Circle)/Circle ~ %.1f%%",
fabs(Iex-Ici)/Ici*100.0 );
                BoFontPrint( "" /*" %.3f"*/ , (Iex-Ici) );
            glPopMatrix ();

            drawRegularPolygon( 11.0 , 11.0 , 10 , n );

            glFlush();

            SwapBuffers(hDC);
        }
        else
        {
            // nothing to do
        }
    }

    /* shutdown OpenGL */
    DisableOpenGL (hWnd, hDC, hRC);
    /* destroy the window explicitly */
    DestroyWindow (hWnd);
    return msg.wParam;
}

/******************* Window Procedure *******************/
LRESULT CALLBACK WndProc (HWND hWnd, UINT message,
                         WPARAM wParam, LPARAM lParam)
{
    static int shifted = 0;
    static int ctrled = 0;
    switch (message)
    {
    case WM_CREATE:
```

```
        return 0;
case WM_CLOSE:
    PostQuitMessage (0);
    return 0;
case WM_DESTROY:
    return 0;
case WM_KEYDOWN:
    switch (wParam)
    {
        break;
    case '0':
    case '1':
    case '2':
    case '3':
    case '4':
    case '5':
    case '6':
    case '7':
    case '8':
    case '9':
        if (cursor < MAX_IN ) in_str[cursor++]= wParam;
        in_str[cursor]='\0';
        break;
    case VK_NUMPAD0:
    case VK_NUMPAD1:
    case VK_NUMPAD2:
    case VK_NUMPAD3:
    case VK_NUMPAD4:
    case VK_NUMPAD5:
    case VK_NUMPAD6:
    case VK_NUMPAD7:
    case VK_NUMPAD8:
    case VK_NUMPAD9:
        if(cursor<MAX_IN)in_str[cursor++]='0'+wParam-VK_NUMPAD0;
        in_str[cursor]='\0';
        break;
    case VK_DECIMAL:
    case 0xbe:
        if (cursor<MAX_IN&&!decimal)in_str[cursor++]= '.';
        in_str[cursor]='\0';
        decimal |= 1;
        break;
    case ',':
        break;
    case VK_BACK:
        if (cursor > 0) {
                decimal &= (in_str[--cursor] != '.');
                in_str[cursor]='\0';
                if ( cursor == 0 ) in_float=in_int=0;
        }
        break;
    case 'W':
        if ( white ) { black = 1.0f; white = 0.0f; }
        else { black = 0.0f; white = 1.0f; }
        break;
    case 'R':
        if( in_float == 0.0 ) blocked = Radius;
        else if ( polyCalc( in_float , Radius ) ) INIT_INPUT;
        break;
```

```c
            case 'N':
                if( in_float == 0.0 ) blocked = Sides;
                else if ( polyCalc( in_float , Sides ) ) INIT_INPUT;
                break;
            case 'B':
                if( in_float == 0.0 ) blocked = base;
                else if ( polyCalc( in_float , base ) ) INIT_INPUT;
                break;
            case 'A':
                if( in_float == 0.0 ) blocked = Apotheme;
                else if (polyCalc(in_float , Apotheme ) ) INIT_INPUT;
                break;
            case VK_UP:
                if ( n < IN_MAXINT ) polyCalc( (float) ++n , Sides );
                break;
            case VK_DOWN:
                if ( n > 3 ) polyCalc( (float) --n , Sides );
                break;
            case VK_LEFT:
                break;
            case VK_RIGHT:
                break;
            }
            sscanf( in_str, "%f" , &in_float );
            if ( in_float > IN_MAXFLOAT ) in_float = IN_MAXFLOAT;
            sscanf( in_str, "%d" , &in_int );
            if (in_int > IN_MAXINT || in_int < 0 ) in_int = IN_MAXINT;
            return 0;
        case WM_KEYUP:
            switch (wParam)
            {
            case VK_ESCAPE:
                PostQuitMessage(0);
                break;
            }
            return 0;
        default:
            return DefWindowProc (hWnd, message, wParam, lParam);
        }
}

// Enable OpenGL
void EnableOpenGL (HWND hWnd, HDC *hDC, HGLRC *hRC)
{
    PIXELFORMATDESCRIPTOR pfd;
    int iFormat;
    /* get the device context (DC) */
    *hDC = GetDC (hWnd);
    /* set the pixel format for the DC */
    ZeroMemory (&pfd, sizeof (pfd));
    pfd.nSize = sizeof (pfd);
    pfd.nVersion = 1;
    pfd.dwFlags = PFD_DRAW_TO_WINDOW |
       PFD_SUPPORT_OPENGL | PFD_DOUBLEBUFFER;
    pfd.iPixelType = PFD_TYPE_RGBA;
    pfd.cColorBits = 24;
    pfd.cDepthBits = 16;
    pfd.iLayerType = PFD_MAIN_PLANE;
    iFormat = ChoosePixelFormat (*hDC, &pfd);
```

```
    SetPixelFormat (*hDC, iFormat, &pfd);
    /* create and enable the render context (RC) */
    *hRC = wglCreateContext( *hDC );
    wglMakeCurrent( *hDC, *hRC );
    // Zbuffering
    glEnable(GL_DEPTH_TEST);
}

// Disable OpenGL
void DisableOpenGL (HWND hWnd, HDC hDC, HGLRC hRC)
{
    wglMakeCurrent (NULL, NULL);
    wglDeleteContext (hRC);
    ReleaseDC (hWnd, hDC);
}
```

Simetría Mecánica

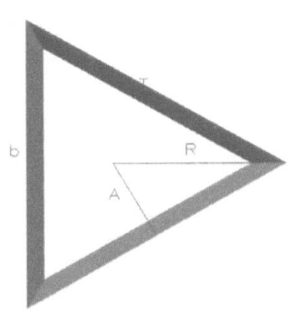

Fig. 39 Cálculo gráfico interactivo de MI de Tubos poligonales (versión B&N)

Ap. 3.2 Cálculo gráfico interactivo del MI de tubos poligonales regulares

Este programa resuelve el polígono regular en función de los datos y calcula el MI de un tubo con un espesor T por varios métodos diferentes, así como el área, perímetro y el MI del anillo circular semejante al tubo.

Puede introducir diferentes valores para cada parámetro:

Número de lados (tecla N)

Radio del círculo circunscrito (tecla R)

Apotema del polígono (tecla A)

Lado del polígono (tecla B)

Espesor del tubo (tecla T)

Para hacerlo teclee el valor y pulse la tecla correspondiente.

Si pulsa la tecla correspondiente a un parámetro sin teclear un valor o con valor cero, se fija ese parámetro para cálculos posteriores.

Si introduce un valor para un parámetro fijado se considera el número de lados como parámetro fijo.

Pulsando Flecha arriba y abajo altera el número de lados.

La tecla W cambia el color de fondo entre blanco y negro.

Excerpt from MI_Calc.c

```
/**********************************************************
    CopyRight Joaquin Obregon Cobo 2012
    Mechanical Symmetry
    Sample program to illustrate MI for Polígonos Regulares

    Disclaimer: Use at you own risk. Author does not accept
    any responsability from the use of this code.
**********************************************************/
float poly_moi_Exact () { // Formula from Mechanical Symmetry Book
    // -(b2*(12h2^2+b2^2)*k*t*(t-2*h2)*(t^2-2*h2*t+2*h2^2))/(96*h2^3)
    float h = apo;
    return( -(b*(12*h*h+b*b)*n*t*(t-2*h)*(t*t-2*h*t+2*h*h))/(96*h*h*h) );
}
float poly_moi_Approx () { // Formula from Mechanical Symmetry Book
    // -(b2*k*t*(t-2*h2)*(t((2*t-3*h2)/(3*(t-2*h2)))-h2)^2)/(4*h2)
    float h = apo;
    float aux = (t*((2*t-3*apo)/(3*(t-2*apo)))-apo);
    return( -(b*n*t*(t-2*apo)* aux*aux)/(4*apo) );
}
float poly_moi_sums () { // Sum of triangles MI. Rotation + Traslation
    int i;
    float rads, inc, // aux to iterate the polygon
        dist, // Distance from axis to the rotated center of mass
        apuco, // An smaller Apotheme
        bit, // An Smaller b
        Ixx; // What can this be?
    // Outer polygon
    // Principal moments
    float Iu = (b*b*b * apo) / 48;
    float Iv = (b * apo*apo*apo) / 36;
    // Area for the basic triangle
    float area = b * apo / 2;
    // Init iteration
    rads = (inc = 2.0 * M_PI / (float)n) / 2.0;
    Ixx = 0.0;
    // Process all triangles
```

```
        for ( i = 0 ;   i < n ;  i++ ) {
                // Distance from axis to the rotated center of
mass
            dist = apo * sin(rads) * 2.0 / 3.0;
            // Moment with the rotation and traslation
            float moi = Iu * cos(rads)*cos(rads) + Iv *
sin(rads)*sin(rads);
            float steiner = area * dist*dist;
            Ixx += moi + steiner;
            rads += inc;
        }
        // Inner polygon
        apuco = apo - t;
        bit = b * (apo-t)/apo;
        // Principal moments
        Iu = (bit*bit*bit * apuco) / 48;
        Iv = (bit * apuco*apuco*apuco) / 36;
        // Area for the basic triangle
        area = bit * apuco / 2;
        // Init iteration
        rads = (inc = 2.0 * M_PI / (float)n) / 2.0;
        for ( i = 0 ;   i < n ;  i++ ) {
                // Distance from axis to the rotated center of
mass
            dist = apuco * sin(rads) * 2.0 / 3.0;
            // Moment with the rotation and traslation
            float moi = Iu * cos(rads)*cos(rads) + Iv *
sin(rads)*sin(rads);
            float steiner = area * dist*dist;
            Ixx -= moi + steiner;
            rads += inc;
        }
        return( Ixx );
}

float poly_moi_generic () { // Generic formula for CLOSED polygons
    int i;
    float rads, inc, // aux to iterate the polygon
          x0,y0,x1,y1, // coordinates of two consecutive vertex
          r, // Inner radius
          Ixx; // What can this be?
    // Init iteration
    inc = 2.0 * M_PI / (float)n;
    Ixx = 0.0;
    // Process all vertex    (  order change sign  )
    // Outer polygon
    for ( i = 0 ;   i < n ;) {
        rads = inc * i++;
        x0 = R * cos(rads);
        y0 = R * sin(rads);
        rads = inc * i;
        x1 = R * cos(rads);
        y1 = R * sin(rads);
        Ixx -= (x1-x0)*(y1+y0)*(y1*y1+y0*y0);
    }
    // Inner polygon
    r = R * (apo-t)/apo;
    for ( i = 0 ;   i < n ;) {
        rads = inc * i++;
```

```
        x0 = r * cos(rads);
        y0 = r * sin(rads);
        rads = inc * i;
        x1 = r * cos(rads);
        y1 = r * sin(rads);
        Ixx += (x1-x0)*(y1+y0)*(y1*y1+y0*y0);
    }
    return( Ixx / 12.0 );
}
```

Simetría Mecánica

Mechanical Symmetry   STAR Mol

Joaquin Obregon Cobo 2012

```
M  o  l
(Exact-Exact)/Exact ~ 0.0%
Exact   =  2.382
(Exact-Approx)/Approx ~ 22.2%
Approx  =  1.949
(Exact-Sums)/Sums ~ 0.0%
Sums    =  2.382
(Exact-Generic)/Generic ~ 0.0%
Generic =  2.382
(Exact-Circle)/Circle ~ 203.2%
Circle  =  0.785
```

```
Area      =  5.20
Perimeter =  12.00

n  (Side Number)  =  6
R  (Inner Radius) =  1.000
A  (Outer Radius) =  1.732
b      (Tri base) =  1.000
[SideNumber Fixed]

Last Calculation:
SideNumber fixed Radius changed
Dato=1.000  Calc=1.000

INPUT:

[Real=  0.000]  [Int=  0]
```

Fig. 40 Cálculo gráfico interactivo de MI de estrellas (versión B&N)

Ap. 3.3 Cálculo gráfico interactivo del MI de estrellas basadas en polígonos regulares

Este programa resuelve el polígono regular en función de los datos y calcula el MI de una estrella por métodos diferentes, el área, perímetro y el MI del círculo circunscrito al polígono.

La estrella se forma oponiendo por el lado del polígono un triángulo igual al formado por los dos vértices del lado y el centro del polígono.

Puede introducir diferentes valores para cada parámetro:

Número de lados (tecla N)

Radio del círculo circunscrito (tecla R)

Apotema del polígono (tecla A)

Lado del polígono (tecla B)

Para hacerlo teclee el valor y pulse la tecla correspondiente.

Si pulsa la tecla correspondiente a un parámetro sin teclear un valor o con valor cero, se fija ese parámetro para cálculos posteriores.

Si introduce un valor para un parámetro fijado se considera el número de lados como parámetro fijo.

Pulsando Flecha arriba y abajo altera el número de lados.

La tecla W cambia el color de fondo entre blanco y negro.

Excerpt from MI_Calc.c

```
/************************************************************
    CopyRight Joaquin Obregon Cobo 2012
    Mechanical Symmetry
    Sample program to illustrate MI for Polígonos Regulares

    Disclaimer: Use at you own risk. Author does not accept
    any responsability from the use of this code.
*************************************************************/
float poly_moi_Exact () { // Formula from Mechanical Symmetry Book
        // (b*h*(28*h^2+b^2)*k)/48
        return ( b * apo * ( 28.0 * apo*apo + b*b ) * n) / 48.0;
}
float poly_moi_Approx () { // Formula from Mechanical Symmetry Book
                                // 0.5*b*h^3*k
        return 0.5 * b * apo*apo*apo *n;
}
float poly_moi_sums () { // Sum of triangles MI. Rotation + Traslation
        int i;
        float rads, inc, // aux to iterate the polygon
              dist,dist1, // Distance from axis to the rotated center of mass
              Ixx; // What can this be?
        // Principal moments
        float Iu = (b*b*b * apo) / 48;
        float Iv = (b * apo*apo*apo) / 36;
        // Area for the basic triangle
        float area = b * apo / 2;
        // Init iteration
        rads = (inc = 2.0 * M_PI / (float)n) / 2.0;
        Ixx = 0.0;
        // Process all triangles
        for ( i = 0 ; i < n ; i++ ) {
                // Distance from axis to the rotated center of mass
            dist = apo * sin(rads) * 2.0 / 3.0;
            dist1 = 2 * dist;
            // Moment with the rotation and traslation
            float moi = 2*(Iu*cos(rads)*cos(rads) + Iv * sin(rads)*sin(rads));
            float steiner = area * dist*dist + area * dist1*dist1;
```

```
            Ixx += moi + steiner;
            rads += inc;
        }
        return( Ixx );
}
float poly_moi_generic () { // Generic formula for CLOSED polygons
        float rads, rads1, inc, y0, x0, x1, y1;
        int i;
        float Ixx; // What can this be?
        // Init iteration
        y0 = 0;
        x0 = R;
        inc = 2 * M_PI / n;
        Ixx = 0.0;
        // Process all vertex    ( order change sign  )
        // Note we play with point orientation & order to increase or decrease
        for ( i = 1 ;  i <= n ; i++ ) {
            rads = inc * i;
            rads1 = inc * ( i - 0.5 );
            x1 = 2.0 * apo * cos(rads1);
            y1 = 2.0 * apo * sin(rads1);
            Ixx -= (x1-x0)*(y1+y0)*(y1*y1+y0*y0);
            x0 = R * cos(rads);
            y0 = R * sin(rads);
            Ixx -= (x0-x1)*(y1+y0)*(y1*y1+y0*y0);
        }
        return( Ixx / 12.0 );
}
```

Apéndice 4 Cálculo de MI de un Polígono

Simetría Mecánica

La fórmula que se va a desarrollar permite calcular el MI de un polígono cualquiera, a condición de que sea cerrado. En principio algunos autores limitan su validez a contornos convexos, pero sin atrevernos a desautorizar tal limitación, la fórmula se ha usado para el cálculo de las estrellas basadas en polígonos regulares con éxito.

En la figura siguiente vemos cómo descomponer la inercia de un polígono (triángulo por sencillez) para obtenerla como suma del MI de trapecios formados por los lados del polígono y el eje sobre el que se toman momentos.

Observen que el MI total es la suma, la orientación de los puntos que forman los lados del polígono aportan el signo a cada valor de MI parcial. Si asignamos signo negativo a los valores de x creciente obtendremos un valor de MI positivo y viceversa.

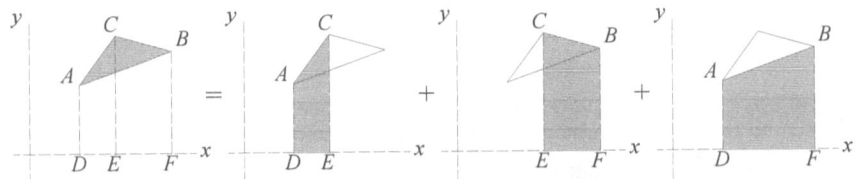

Fig. 41 Descomposición en trapecios de un polígono

$$I_{ABC} = I_{CADE} + I_{BCEF} + I_{ABFD} \quad [A4.1]$$

Ecuación 35 Descomposición en trapecios de un polígono - Inercia resultante

Veamos ahora cómo calcular el MI de cada trapecio. Veremos que hay (al menos) dos formas de obtener la fórmula. El primero basándonos en la propia definición del momento y la segunda, más sofisticada, basada en el teorema de Green.

Ap. 4.1 Suma del MI de trapecios

$$I_{xi} = \int_{\Omega} dist^2 \cdot d\Omega = \int_{x_i}^{x_{i+1}} dI$$

$$dI = \frac{y^3}{3} dx$$

La recta que une ambos puntos

$$y = \frac{y_i - y_{i+1}}{x_i - x_{i+1}} x - \frac{x_{i+1} y_i - x_i y_{i+1}}{x_i - x_{i+1}}$$

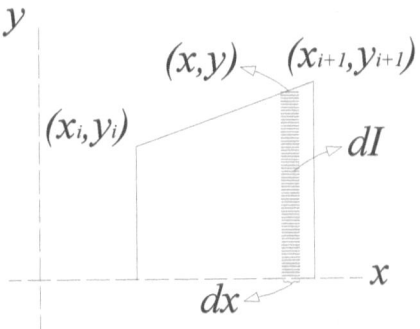

Fig. 42 MI de un Trapecio respecto a su base

Entonces

$$dI = \frac{1}{3}\left(\frac{y_i - y_{i+1}}{x_i - x_{i+1}}x - \frac{x_{i+1}y_i - x_i y_{i+1}}{x_i - x_{i+1}}\right)^3 \rightarrow$$

[A4.2] $\quad \rightarrow I_{xi} = \int_{x_i}^{x_{i+1}} dI = \dfrac{(x_{i+1} - x_i)(y_{i+1} + y_i)(y_{i+1}^2 + y_i^2)}{12}$

Fórmula en función de los puntos extremos del lado superior del trapecio.

Para un polígono de n lados:

[A4.3] $\quad I_x = \sum_1^n I_{xi} = \dfrac{1}{12}\sum_1^n (x_{i+1} - x_i)(y_{i+1} + y_i)(y_{i+1}^2 + y_i^2)$

Ap. 4.2 Teorema de Green

Usando este teorema podemos calcular el valor de la integral de un recinto D encerrado en una curva C usando una integral curvilínea a lo largo de C.

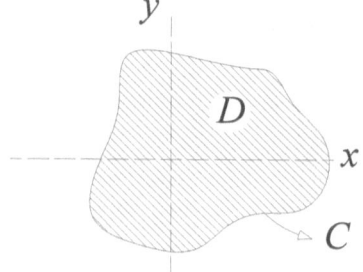

Fig. 43 Teorema de Green

$$\oint_C (Ldx + Mdy) = \iint_D \left(\frac{\partial M}{\partial x} - \frac{\partial L}{\partial y}\right) dxdy$$

Ecuación 36 Teorema de Green

Por ejemplo, el área:

$$\Omega = \iint_D d\Omega = \iint_D dxdy$$

Entonces cualquier función que cumpla

$$\left(\frac{\partial M}{\partial x} - \frac{\partial L}{\partial y}\right) = 1$$

Nos servirá para usar el teorema tal como:

$$\left(\frac{\partial M}{\partial x} - \frac{\partial L}{\partial y}\right) = 1 \Rightarrow \begin{cases} M = x & L = 0 \\ M = 0 & L = -y \end{cases} \Rightarrow \oint_C (Ldx + Mdy) = \begin{cases} \oint_C xdy \\ \oint_C -ydx \end{cases}$$

Volviendo al MI, en particular al momento respecto al eje x:

$$I_x = \iint_D y^2 d\Omega = \iint_D y^2 dx dy$$

Entonces cualquier función que cumpla

$$\left(\frac{\partial M}{\partial x} - \frac{\partial L}{\partial y}\right) = y^2$$

Nos servirá para usar el teorema. Veámoslo:

$$\left.\begin{array}{l}\left(\dfrac{\partial M}{\partial x} - \dfrac{\partial L}{\partial y}\right) = y^2 \\ \begin{cases} M = xy^2 & L = 0 \\ M = 0 & L = \dfrac{y^3}{3}\end{cases}\end{array}\right\} \Rightarrow \oint_C (Ldx + Mdy) = \begin{cases}\oint_C xy^2 dy \\ \oint_C \dfrac{y^3}{3} dx\end{cases}$$

Vemos ya una clara similitud con el sistema anterior

$$dI = \frac{y^3}{3} dx \to \oint \frac{y^3}{3} dx$$

Aplicando esto en uno de los lados del polígono:

$$I_{xi} = \oint_C \frac{y^3}{3} dx =$$

$$= \left. \begin{array}{c} \dfrac{-1}{3} \dfrac{x(x_{i+1}y_i - x_i y_{i+1})^3}{(x_i - x_{i+1})^3} + \dfrac{3x^2(y_i - y_{i+1})(x_{i+1}y_i - x_i y_{i+1})^2}{2(x_i - x_{i+1})^3} - \\ \dfrac{x^3(y_i - y_{i+1})^2(x_{i+1}y_i - x_i y_{i+1})}{(x_i - x_{i+1})^3} + \dfrac{x^4(y_i - y_{i+1})^3}{4(x_i - x_{i+1})^3} \end{array} \right]_{x_i}^{x_{i+1}} =$$

$$= \frac{(x_{i+1} - x_i)(y_{i+1} + y_i)(y_{i+1}^2 + y_i^2)}{12} \qquad [A4.4]$$

Siendo [$A4.2$] y [$A4.4$] idénticas, para todo el polígono tendremos igualmente

Simetría Mecánica

$$I_x = \sum_1^n I_{xi} = \frac{1}{12}\sum_1^n (x_{i+1}-x_i)(y_{i+1}+y_i)(y_{i+1}^2+y_i^2) \qquad [A4.3]$$

Análogamente para el momento respecto al eje y:

$$I_y = \iint_D x^2 d\Omega = \iint_D x^2 dxdy$$

$$\left\{\begin{array}{l}\left(\dfrac{\partial M}{\partial x}-\dfrac{\partial L}{\partial y}\right)=x^2 \\ M=0 \quad L=-x^2 y \\ M=\dfrac{x^3}{3} \quad L=0\end{array}\right\} \Rightarrow \oint_C (Ldx+Mdy) = \left\{\begin{array}{l}\oint_C -x^2 y dx \\ \oint_C \dfrac{x^3}{3} dy\end{array}\right\}$$

[A4.5] $\qquad I_{yi} = \oint_C \dfrac{x^3}{3} dy = \dfrac{(y_{i+1}-y_i)(x_{i+1}+x_i)(x_{i+1}^2+x_i^2)}{12}$

Para todo el polígono

[A4.6] $\qquad I_y = \sum_1^n I_{yi} = \dfrac{1}{12}\sum_1^n (y_{i+1}-y_i)(x_{i+1}+x_i)(x_{i+1}^2+x_i^2)$

De forma similar obtenemos I_{xy}:

$$I_{xy} = \iint_D xy d\Omega = \iint_D xy dxdy$$

$$\left\{\begin{array}{l}\left(\dfrac{\partial M}{\partial x}-\dfrac{\partial L}{\partial y}\right)=xy \\ M=0 \quad L=-x\dfrac{y^2}{2} \\ M=\dfrac{x^2}{2}y \quad L=0\end{array}\right\} \Rightarrow \oint_C (Ldx+Mdy) = \left\{\begin{array}{l}\oint_C -x\dfrac{y^2}{2} dx \\ \oint_C \dfrac{x^2}{2} ydy\end{array}\right\}$$

[A4.7]
$$I_{xyi} = \oint_C -x\frac{y^2}{2}dx =$$

$$\frac{(x_i - x_{i+1})(3x_{i+1}y_{i+1}^2 + x_iy_{i+1}^2 + 2x_{i+1}y_iy_{i+1} + 2x_iy_iy_{i+1} + x_{i+1}y_i^2 + 3x_iy_i^2)}{24}$$

Para todo el polígono:

$$I_{xy} = \sum_1^n I_{xyi} = \qquad [A4.8]$$

$$\sum_1^n \frac{(x_i - x_{i+1})(3x_{i+1}y_{i+1}^2 + x_iy_{i+1}^2 + 2x_{i+1}y_iy_{i+1} + 2x_iy_iy_{i+1} + x_{i+1}y_i^2 + 3x_iy_i^2)}{24}$$

Con lo que tenemos ya nuestras fórmulas.

Pero si integramos sobre y:

$$I_{xyi} = \oint_C \frac{x^2}{2}ydy = \qquad [A4.9]$$

$$\frac{(y_{i+1} - y_i)(3y_{i+1}x_{i+1}^2 + y_ix_{i+1}^2 + 2y_{i+1}x_ix_{i+1} + 2y_ix_ix_{i+1} + y_{i+1}x_i^2 + 3y_ix_i^2)}{24}$$

Podríamos pensar que [A4.7] y [A4.9] deberían ser iguales, pero no lo son. Para que lo sean debe cumplirse:

$$[A4.7]-[A4.9] = 0 \implies x_iy_i - x_{i+1}y_{i+1} = 0$$

Análogamente para I_x e I_y:

$$I_x \rightarrow x_iy_i^3 - x_{i+1}y_{i+1}^3 = 0$$
$$I_y \rightarrow y_ix_i^3 - y_{i+1}x_{i+1}^3 = 0$$

Estas tres condiciones nos llevan a la condición ya citada (incluida en el teorema de Green) de que la línea sobre la que se hace la integral tiene que ser cerrada. En una línea cerrada:

Simetría Mecánica

$$x_{n+1} = x_1$$
$$y_{n+1} = y_1$$

y entonces

$$x_{n+1}y_{n+1} = x_1 y_1$$
$$x_{n+1}y_{n+1}^3 = x_1 y_1^3$$
$$y_{n+1}x_{n+1}^3 = y_1 x_1^3$$

Haciendo que en la suma de todos los lados del polígono se anulen las sumas:

$$\text{Para } I_x \rightarrow \sum_1^n x_i y_i^3 - x_{i+1} y_{i+1}^3 = 0$$

$$\text{Para } I_y \rightarrow \sum_1^n y_i x_i^3 - y_{i+1} x_{i+1}^3 = 0$$

$$\text{Para } I_{xy} \rightarrow \sum_1^n y_i x_i^3 - y_{i+1} x_{i+1}^3 = 0$$

Vemos pues que la condición de línea cerrada es condición necesaria para la validez de las fórmulas:

[A4.3] $I_x =$

$$\frac{1}{12} \sum_1^n (x_{i+1} - x_i)(y_{i+1} + y_i)(y_{i+1}^2 + y_i^2)$$

[A4.6] $I_y =$

$$\frac{1}{12} \sum_1^n (y_{i+1} - y_i)(x_{i+1} + x_i)(x_{i+1}^2 + x_i^2)$$

[A4.8] $I_{xy} =$

$$\sum_1^n \frac{(x_i - x_{i+1})(3x_{i+1}y_{i+1}^2 + x_i y_{i+1}^2 + 2x_{i+1}y_i y_{i+1} + 2x_i y_i y_{i+1} + x_{i+1} y_i^2 + 3x_i y_i^2)}{24}$$

Ecuación 37 Fórmulas para el cálculo del MI de un polígono cualquiera

Índice de Figuras

1 Par Mecánico 3
2 Momento de Inercia de cuerpo continuo 4
3 Momento de Inercia de sistema de partículas 4
4 Teorema de Steiner 4
5 Simetría Axial 5
6 Simetría Central 5
7 Simetría Rotacional 5
8 Figuras con Simetría Axial 5
9 Funciones con Simetría Axial 5
10 Figura con 6
11 Funciones con Simetría Central (impares) 6
12 Figuras con Simetría Rotacional 7
13 Función con Simetría Rotacional 7
14 Steiner - Traslación de sección y de eje 19
15 Steiner - Cálculo correcto desde eje que no pasa oir el CDG 20
16 Ecuaciones para el giro de la sección
    - Sección girada y Ejes girados 21
17 Ecuaciones para el giro de la sección 22
18 Superposición e importancia de la distancia al eje para MI 24
19 MI Partículas - Gráfico Sumas 37
20 MI Partículas - Demostración 39
21 MI de Tubo de Pared Delgada 45
22 MI de Tubo de Pared Delgada 45
23 MI Sección Genérica 46
24 Simetría Mecánica sin Simetría Rotacional 51
25 Condición Necesaria para Simetría Mecánica
    - Función Par Origen 54
26 Condición Necesaria para Simetría Mecánica
    - Función Par Girada 54
27 Sumas Incoherentes 66
28 Polígonos Regulares 71
29 Círculos y computadoras - Discretización 76
30 Círculos y computadoras - Condiciones 1 y 2 80

31 Círculos y computadoras - Condiciones 1 y 2 (Detalle) 80
32 Círculos y computadoras - Condiciones 2 y 3 82
33 Círculos y computadoras - Condiciones 2 y 3 (Detalle) 83
34 Círculos y computadoras - Condiciones 1, 2 y 3 86
35 Programa STEINER
    - Visualización de cambio en em MI (versión B&N) 139
36 Suma de sen2 (versión B&N de original color) 161
37 Comparacion gráfica interactiva
    (versión B&N de original en color) 179
38 Cálculo gráfico interactivo de MI de polígonos regulares
    (versión B&N) 197
39 Cálculo gráfico interactivo de MI de Tubos poligonales
    (versión B&N) 211
40 Cálculo gráfico interactivo de MI de estrellas (versión B&N) 215
41 Descomposición en trapecios de un polígono 221
42 MI de un Trapecio respecto a su base 221
43 Teorema de Green 222

Índice de Ecuaciones

1 Par Mecánico 3
2 Momento de Inercia de cuerpo continuo 4
3 Momento de Inercia de sistema de partículas 4
4 Teorema de Steiner 4
5 Momento de Inercia - Giro 17
6 Momento de Inercia - Ejes Principales 18
7 Momento de Inercia Constante... 18
8 MI Partículas - Primera Suma 37
9 MI Partículas - Parte Variable 37
10 MI Partículas - Fórmula Simplificada 38
11 MI Partículas - Fórmula Exacta 38
12 Notación de Euler 40
13 MI Partículas - Suma Nula Demostración 42
14 MI Partículas - Demostración Fórmula Exacta 42
15 MI Partículas 43
16 MI Partículas Aproximada 43
17 MI Partículas Precisión 43
18 MI de Tubo de Pared Delgada - Fórmula MS 45
19 MI de Tubo de Pared Delgada 45
20 MI Sección Genérica con Simetría Mecánica. 47
21 MI Simetría Mecánica Aproximada 47
22 MI Simetría Mecánica Precisión 47
23 Condición Necesaria para Simetría Mecánica 54
24 Condiciones Adicionales Necesarias para Simetría Mecánica 54
25 Serie de Fourier 55
26 Condición Necesaria para Simetría Mecánica – Fourier 56
27 MI de Polígono Regular en función del radio R
    y el número de lados k 74
28 MI de Polígono Regular en función del apotema ap
    y el número de lados k 74
29 MI de Polígono Regular en función del Lado L
    y el número de lados k 74
30 Momentos de Inercia de Polígono Regular en función del Área 75

31 Círculos y computadoras - Condición 1 Igual Área....................... 77
32 Círculos y computadoras – Condición 2 Igual MI........................ 77
33 Círculos y computadoras – Condición 2 Igual Módulo W 77
34 Resolución de Polígonos Regulares 96
35 Descomposición en trapecios de un polígono-Inercia resultante 221
36 Teorema de Green 222
37 Fórmulas para el cálculo del MI de un polígono cualquiera....... 226

Índice de Tablas

1 MI Partículas - Precisión de la Fórmula Aproximada...................... 44
2 Valores conocidos para el círculo.. 48
3 Valores conocidos para el círculo.. 48
4 Coeficientes de funciones armónicas - Fourier............................... 57
5 Fourier - Ejemplos con Simetría Rotacional.................................. 61
6 Círculos y computadoras
    - Tabla de coeficientes para condiciones individuales............... 87
7 Círculos y computadoras
    - Tabla de coeficientes aproximados y errores máximos 88
7 Listado de Salida
    - Comparación del MI para sistemas de partículas 176

Glosario

Centro de simetría ... 6, 7, 47, 49, 51, 72, 93
Cuadrado 99, 100
Curadrado 232
Dodecágono 107
Ejercicio 25
Error 20, 72, 76, 85, 168, 171
Estrellas 125, 127, 129, 130, 131
Fourier 7, 55, 56, 57, 61
Funciones 6, 55, 57
Giro .5, 17, 21, 22, 25, 27, 48, 52, 54, 55, 58
Heptágono 105
Hexágono 103, 104
I_x 8, 9, 17, 18, 27, 47, 221
I_{xy} 17, 18, 20, 26, 27, 48, 52, 220
I_y 9, 10, 17, 18, 27, 221
Listado 138, 154, 155, 166, 168
MI ..3, 4, 5, 8, 9, 10, 11, 12, 17, 18, 19, 20, 21, 22, 23, 24, 25, 29, 30, 31, 35, 36, 37, 38, 39, 42, 43, 44, 45, 47, 69, 71, 72, 73, 74, 75, 77, 79, 82, 85, 137, 138, 144, 145, 165, 166, 167, 168, 169, 170, 172, 173, 175, 181, 193, 194, 200, 202, 203, 207, 208, 211, 212, 215, 217, 219, 222
Momento de inercia 3, 4, 17, 18, 38, 91

Momentos .. 18, 46, 49, 217
Octógono 106
Partículas .. 4, 35, 37, 38, 39, 42, 43, 45, 153, 169, 175
Pentágono 101, 102
Polígonos ... 69, 93, 94
Polígonos regulares 69, 193, 211, 217
Principales 18, 26, 46, 49, 91
Programa ... 8, 38, 137, 154, 165, 169, 175, 193, 207, 211
Rectángulo .. 8, 25, 26, 27, 28
Rotación ... 17, 91, 93, 137, 153
Rotacional 7, 61
Sección . 4, 17, 18, 19, 21, 22, 23, 24, 36, 37, 39, 42, 45, 46, 47, 48, 51, 52, 53, 54, 57, 58, 61, 74, 75, 137, 153
Simetría .. 1, 4, 7, 35, 42, 45, 47, 51, 54, 56, 61, 69, 89, 165, 169
Steiner . 4, 11, 17, 18, 19, 20, 25, 28, 29, 39, 49, 137, 138, 142, 165, 167, 169, 201
Superposición ... 23, 24
Teorema de green ... 52, 217, 221
Test 35
Triángulo 9, 97, 98
Tubo poligonal 113, 114, 115

Bibliografía

[1] Pisarenko, G.S., Yákovlev, A.P., Matviéev, V.V. Manual de Resistencia de Materiales. URSS. 1975. ISBN 5-88417-035-1

[2] Ruiz-Tolosa, J.R. *Caminando de los Vectores a los Tensores.* Academia de Ingeniería. 2006. ISBN 84-95662-31-0

[3] Kernighan, B.W., Ritchie, D.M. *El Lenguaje de Programación C.* Prenctice-Hall Iberoamericana. 1985. ISBN 968-880-024-4

Agradecimientos

Para este libro se han usado herramientas de:

- Maxima, Computer Algebra System - http://maxima.sourceforge.net/
- WxMaxima, Document Based Interface http://andrejv.github.com/wxmaxima/
- Chikrii Softlab - http://www.chikrii.com/products/tex2word/
- BloddShed Software Dev-CPP - http://www.bloodshed.net/devcpp.html
- Decimal Basic - http://hp.vector.co.jp/authors/VA008683/english/

Por su contribución a mi trabajo:

A mi familia.

A mis maestros.

A mis compañeros y amigos.

www.ingramcontent.com/pod-product-compliance
Lightning Source LLC
Chambersburg PA
CBHW020744180526
45163CB00001B/344